PRECISAVA LER ISSO HOJE

PRECISAVA LER ISSO HOJE

REFLEXÕES NECESSÁRIAS PARA
UMA **VIDA SIGNIFICATIVA**

Thor

Texto revisado segundo o novo Acordo Ortográfico da Língua Portuguesa (Decreto n. 6.583, de 29 de setembro de 2008).

Dados Internacionais de Catalogação na Publicação (CIP)
(Câmara Brasileira do Livro, SP, Brasil)

Thor

Precisava ler isso hoje / Thor. -- 1. ed. -- Curitiba, PR : Ed. do Autor, 2024.

ISBN 978-65-01-05154-3

1. Autoconhecimento 2. Experiências – Relatos 3. Histórias de vidas 4. Homens – Biografia 5. Inteligência emocional. 6. Narrativas pessoais 7. Superação I. Título.

24-210870 CDD -920.71

Índices para catálogo sistemático:
1. Homens : Biografia 920.71
Aline Graziele Benitez - Bibliotecária - CRB-1/3129

PRODUÇÃO EDITORIAL

Capa
Rubens Lima

Revisão
Ronize Aline

Design gráfico
Catia Soderi

SUMÁRIO

NADA

ESTÁ AQUI

PARA ENCHER

LINGUIÇA

INTRODUÇÃO

Por experiência própria, sei que não finalizamos a maioria dos livros que começamos a ler. Quando nos damos conta, eles se tornaram simplesmente uma decoração, acumulando poeira na estante. Com o tempo, a coleção cresce e geralmente dizemos a nós mesmos: “Um dia eu termino”.

Apesar de não ter formação acadêmica, os livros foram essenciais para moldar minha personalidade, minhas atitudes e minha forma de pensar sobre muitas coisas – desde meu estilo de vida até meus relacionamentos e minha vida profissional.

Para ser sincero, escrever este livro não foi difícil, mas era tanto conteúdo que eu não sabia direito como organizar. Cada parágrafo foi cuidadosamente pensado para oferecer reflexões que, se aplicadas, podem realmente fazer diferença no seu dia a dia. Nada do que você irá ler está aqui apenas para encher linguiça.

Depois da última página,
as coisas não serão
mais as mesmas.

Para cada um, em algum lugar deste livro, há uma frase simples que revolucionará sua vida para sempre. Tenho certeza de que, ao final, sua vida será diferente. Você se tornará mais experiente, mais confiante e mais consciente.

Para aqueles que não concluírem a leitura, certamente perderão uma valiosa oportunidade. Esta obra foi pensada e desenvolvida para gerar uma transformação significativa em sua vida e na daqueles ao seu redor. Então, se existe um livro que você deve se comprometer a terminar, que seja este.

Simplificando, depois da última página, as coisas não serão mais as mesmas.

AUTOCONSCIÊNCIA
É A FERRAMENTA
MAIS
IMPORTANTE

CAPÍTULO 1

AUTOCONSCIÊNCIA

Encontrada pela primeira vez no Templo de Apolo, em Delfos, a máxima "*Conhece-te a ti mesmo*" nos desafia há mais de 2400 anos a iniciarmos a nossa mais profunda e transformadora de todas as nossas jornadas.

A autoconsciência é a ferramenta mais importante que toda pessoa deve desenvolver. Sem ela, não somos capazes de perceber nossos erros e aprender com eles, o que nos impossibilita de otimizar nossas habilidades. Não importa o que você vá fazer: sem autoconsciência, é como tentar dirigir um carro com os olhos vendados e depois culpar os outros pelo acidente.

A importância da autoconsciência vai além de nós mesmos. Como veremos ao longo deste livro, um bom relacionamento consigo é a base para um bom relacionamento com o mundo ao nosso redor. A maneira como vemos, tratamos e interagimos com outras pessoas é uma das melhores maneiras de saber se estamos bem de fato.

NOSSO ESPELHO INTERNO

Percebo isso em mim o tempo todo. Se estou me sentindo bem, mesmo que alguém esteja agindo como um idiota, minha reação ainda assim é calma. Em compensação, quando fico mal-humorado com alguém andando devagar na minha frente, percebo que isso acontece porque está refletindo o meu estado interno. Julgamos nos outros aquilo que odiamos em nós mesmos.

A projeção é um mecanismo de defesa do inconsciente para lidar com traços indesejados que a pessoa não admite para si. Até que aceitemos isso, ficaremos sempre presos na mentalidade de vítima, culpando o mundo por nossas insatisfações, em vez de assumir a responsabilidade por nossas próprias merdas. É preciso que o nosso nível de amor-próprio esteja muito alto para amarmos o próximo.

No livro *Inteligência emocional*, Daniel Goleman explica que a autoconsciência é a base necessária para reconhecer e compreender nossas próprias emoções, sendo ela tão importante para o sucesso quanto todos outros aspectos cognitivos relacionados à inteligência. Pessoas autoconscientes tomam melhores decisões.

Desenvolver autoconsciência não é para todos. Requer ouvir coisas que você não quer ouvir, admitir que estava errado várias vezes e se responsabilizar. Só funciona para quem prefere estar bem do que estar certo todo o tempo.

Julgamos nos outros
aquilo que odiamos
em nós mesmos.

Estamos todos fazendo o melhor que podemos com nosso nível de compreensão no momento. O nosso autocontrole depende diretamente do nível da nossa maturidade. E só nos comunicamos até o nível da nossa própria sabedoria.

Ler livros, como este, que façam você questionar suas crenças, também ajuda a expandir sua visão de mundo e a aumentar a autoconsciência. *Sapiens*, de Yuval Noah Harari, e *Comporte-se*, de Robert Sapolsky, por exemplo, oferecem uma perspectiva ampla sobre a humanidade, levando em consideração aspectos biológicos e sociais que nos levam a reflexões profundas sobre nossa existência e comportamento.

Outras práticas que ajudam a aumentar a percepção de si mesmo e a melhorar a capacidade de reconhecer padrões comportamentais e emocionais, incluem registrar seus sentimentos diários e reservar um tempo para a introspecção, como a meditação.

No entanto, quero chamar atenção para uma questão mais importante que é não negligenciar ajuda especializada, como a psicoterapia e grupos de apoio. Não é preciso esperar por um colapso mental para começar. Sinto que há um estigma em torno disso, especialmente entre homens. Como se, de alguma forma, isso os tornasse fracos. Quando, na verdade, o resultado é exatamente o oposto.

EXPERIÊNCIA PESSOAL

A primeira vez que eu fui a terapia, foi mais difícil do que eu pensava. Levei trinta anos para começar e não tinha certeza do que dizer. Sabia apenas que continuar fazendo as mesmas coisas não iria trazer resultados diferentes. No início, tudo que eu busquei fazer foi ser honesto em relação ao que pensava e sentia. Com o tempo, percebi que o simples ato de falar e ouvir um ponto de vista profissional trazia mais clareza para organizar os meus pensamentos.

Estou te contando isso porque muitas pessoas falam sobre saúde mental e como ela é importante. Mas essa conversa sempre começa e termina sem chegar a lugar algum. Ninguém fala sobre o que fazer para melhorar sua saúde mental. Nem falam sobre contra o que eles lutam.

Sinceramente, perdi muito tempo da vida acreditando que poderia resolver tudo sozinho. Mas aprendi que reprimir nossa saúde mental com outras atividades, não é a cura para anos de questões internas mal resolvidas. É fácil confundir endorfina com solução.

Desenvolver autoconsciência é um processo contínuo.

Eu sou humano. Eu luto contra o tédio, a ansiedade, as inseguranças, as preocupações, os medos, a raiva e tudo mais que outras pessoas também sentem. Eu também sou feliz. E sou abençoado. Mas nem sempre estou feliz. Ninguém é. E assim como fui consistente em treinar para melhorar minha saúde física, também fui consistente em fazer terapia para melhorar minha saúde mental.

⚡ ⚡ ⚡

Tenha em mente que desenvolver autoconsciência é um processo contínuo que você precisa praticar. Não espere os planetas se alinharem para começar. Como diz o ditado: "mar calmo não faz bom marinheiro". Uma forma de enxergar as situações desafiadoras é que, se der errado, você poderá ficar pior do que estava. Por outra perspectiva, mesmo que as coisas não saiam como o esperado, você ainda terá novas experiências, encontrará novas oportunidades e possivelmente aprenderá novas habilidades. Assumir riscos é o ato de se expor à incerteza para ampliar as capacidades.

O momento em que você decide dar esses primeiros passos rumo a uma vida mais autêntica e satisfatória, é o momento em que você supera seus limites. Com o tempo e dedicação, você percebe que vem sentindo calma em situações que antes geravam tensão. É quando vem a clareza de que os seus esforços estão valendo a pena.

SOU A PESSOA MAIS SORTUDA QUE CONHEÇO

ϟ CAPÍTULO 2

UMA BREVE HISTÓRIA SOBRE O THOR

O motivo pelo qual muitos dos tópicos que abordarei neste livro vão impactar você profundamente é porque eu cometi muitos erros ao longo da vida. Fiz o que achava certo em vez do que deveria fazer, e acabei infeliz. Engordei muito em um emprego que não gostava e, de repente, me tornei aquela pessoa que se entorpece para evitar a realidade.

Eu nunca fui uma criança muito ativa. Sempre comi o que queria e raramente me exercitava. Aos 13 anos, já pesava mais de 100kg. Quando atingi a maioridade, me alistei no serviço militar obrigatório e fui convocado para servir na Força Aérea Brasileira.

Durante o período de recrutamento, emagreci 25kg à base de muita corrida e flexão. Foi uma transformação intensa e rápida, que me ensinou os meus verdadeiros limites. No entanto, apesar das melhorias físicas, eu ainda enfrentava batalhas internas que precisavam ser resolvidas.

Após quatro anos, deixei a vida militar por conta de uma depressão, passei a fumar como uma chaminé, beber como um guitarrista de blues e voltei a engordar. Fase em que cheguei a pesar mais de 140kg. Sendo uma pessoa com obesidade, passei a experimentar o mundo diariamente em um corpo que era julgado, subvalorizado, demonizado, zombado, temido, desprezado e evitado.

Você pode pensar que, ao refletir sobre isso, eu sentiria arrependimento ou pena. De jeito nenhum. Essas experiências me deram mais empatia, mais caráter e uma perspectiva mais ampla, rica e inclusiva do que qualquer formação jamais poderia proporcionar, além de panturrilhas forjadas no poder absoluto de carregar meu próprio peso dia após dia.

Sou a pessoa mais sortuda que conheço, em grande parte porque minha personalidade e perspectiva foram desenvolvidas nesse contexto. No entanto, naquele momento a dura realidade era que eu não gostava da minha vida. Tudo por conta de uma doença sobre a qual nunca me contaram antes. Essa doença é o tédio.

ENFRENTANDO O TÉDIO

A verdade é que eu estava entediado. As pessoas nunca dão crédito ao quão cansativo é fingir estar bem. É de destruir a alma. Vejo que passei quase dois terços da minha vida numa forma de escapismo da existência de uma vida sombria pela qual eu não tinha nenhuma paixão.

Nem sempre o fundo do poço é um lugar sujo e escuro. Às vezes, significa levantar, ir trabalhar, sorrir o dia todo, voltar para casa e não fazer nada até a hora de dormir. Muitas pessoas não imaginam a força necessária para sair dos nossos abismos mentais.

Então, ao ler este livro, entenda que as informações contidas nele não são apenas para você. Pode ser um colega, um parente, seu próprio filho – alguém, em algum lugar, está confuso, e você terá as respostas que eu nunca tive para passar para eles.

> "O OPOSTO DO AMOR É A INDIFERENÇA, E O OPOSTO DA FELICIDADE É O TÉDIO."
>
> TIMOTHY FERRISS,
>
> EM *TRABALHE 4 HORAS POR SEMANA*

ϟ

Não comecei porque era bom nisso.

Quando pedi baixa das Forças Armadas, usei o pouco que recebi de rescisão para comprar uma passagem para Europa e fui tentar a sorte com uma mochila nas costas e a roupa do corpo. Hoje eu percebo que muito do nosso desejo de desaparecer também é o desejo de ser encontrado. Minha perspectiva sobre a vida mudou bem rápido ao me colocar voluntariamente em situações desconfortáveis. Nesse período, fiz bico aproveitando toda oportunidade que surgia: cortar grama, passar roupa, lavar prato, limpar banheiro. Como diz meu amigo Pietro Mannarino: "A necessidade não consulta conveniência."

Seis meses depois, comecei a perceber o quão difícil é ter uma vida pessoal quando você não tem nenhuma estabilidade. De volta ao solo brasileiro, fui morar em Natal e comecei trabalhar no mundo corporativo. Em resposta, me encontrei novamente em um vazio mental, porque eu realmente não sabia se era aquilo que queria. Eu tinha que usar terno, fazer a barba e ficar em pé oito horas do meu dia. Eu odiava, mas achava que era a coisa certa a se fazer: conseguir um emprego e trabalhar até me aposentar.

Nessa época, lembro de passar horas em fóruns online de fisiculturismo, onde conheci muitos amigos que faziam consultoria remotamente. Eu invejava a vida que eles tinham, pelo simples fato de poder trabalhar em casa com o que gostavam. Eu nunca pretendi nada disso. Não comecei porque era bom nisso. Apenas pensei em como seria acordar todos os dias e fazer algo que eu realmente gosto.

Se uma pessoa precisa de 10.000 horas para ter domínio em um assunto, eu tô ferrado. Porque tentei muita coisa na minha vida. Fui militar, trabalhei em restaurante, hotel, shopping. Comecei a cursar física, filosofia, nutrição, farmácia. A lista continua. Mas isso não significa que eu não seja um especialista. Em cada uma dessas experiências, meu objetivo era entender mais profundamente o meu redor, o que me ajuda na hora de comunicar uma ideia complexa de forma simples. Percebi que eu desenvolvi 10.000 horas em experiência de vida.

Quando comecei nas redes sociais, eu me concentrei menos no destino e mais em aproveitar a jornada. Também em fazer com que as pessoas se preocupassem menos com os detalhes irrelevantes e mais em aproveitar o processo. Foi um longo caminho entre passar de um garoto gordo e confuso, com dificuldades de aprendizado, até chegar a ser reconhecido e respeitado por profissionais de diversas áreas.

Qualquer sucesso creditado a mim é consequência de estar realizado com o que escolho fazer todos os dias. Comer melhor, priorizar o sono e me exercitar não são coisas que sempre gostei de fazer. Mas hoje eu gosto, porque gosto da minha vida. Não estou mais entediado, porque amo o que faço.

Com isso, meu conselho para você hoje é focar apenas na sua jornada, não no objetivo final e, muito menos, na jornada de alguém. Em vez de se preocupar com o quão alto você está, preocupe-se em saber se você está subindo a escada certa.

Foram necessários 27 anos vivendo em um sentimento de vazio interior para que eu realmente começasse a dar meus primeiros passos em direção a uma vida melhor. Eu tinha certeza de que nunca mais seria feliz. Hoje estou aqui para afirmar que todo seu esforço valerá a pena.

Eu ainda sou um garoto gordo de coração. Gosto de pizza, batata frita e jogar videogame. Sou igual a você, juro. No entanto, aprendi a adaptar certos aspectos da minha vida e a criar harmonia. Com isso, vou ajudar você a entender os fatores que te impedem de alcançar seus objetivos. Todos precisamos de bases para construir, e a parte profunda deste livro está prestes a começar.

HÁBITOS

FORMAM

QUEM

SOMOS

CAPÍTULO 3

CONSISTÊNCIA: O QUE É REPETIDO É APRIMORADO

Nossas vidas mudam quando nós mudamos. Os pequenos hábitos, em essência, formam quem somos. Eles compõem nossa identidade, mas identidades podem mudar ao longo do tempo.

> "NÓS SOMOS AQUILO QUE FAZEMOS REPETIDAMENTE. EXCELÊNCIA, PORTANTO, NÃO É UM MODO DE AGIR, MAS UM HÁBITO",
>
> WILL DURANT

A formação de hábitos de sucesso é crucial para atingir objetivos. Isso porque é muito difícil ficar melhor em algo quando você faz coisas aleatórias todos os dias. Não por acaso, muitas pessoas ficam frustradas com a falta de resultados.

Ser consistente com uma abordagem é o que possibilita que você saiba o que está funcionando e o que não está. De modo semelhante, uma rotina estruturada permite que você use o tempo como deseja.

A consistência é uma pílula mágica? Não. A consistência é uma solução rápida? Também não. Mas com qualquer problema – seja mudança física, finanças ou desenvolvimento pessoal – se você for aleatório em sua abordagem, não saberá o que corrigir.

Ter consistência não significa que você nunca vai errar. Significa nunca desistir. O segredo para isso é não deixar um contratempo se transformar em um dia de escolhas erradas. Nem um dia de escolhas erradas se transformar em um mês. Não se trata tanto de cada ação em particular, mas dos juros acumulados quando repetidos.

MOTIVAÇÃO

A maior lição que já aprendi é que é melhor fazer, mesmo sem ver muito sentido, do que sonhar com tudo e não fazer nada. Esperar algo acontecer para começar, apenas torna seu sucesso condicional.

Sem motivação, não começaríamos nada. Afinal, como o nome sugere, é o nosso motivo para agir. Para alcançar qualquer objetivo, seja fazer cardio, aprender algo novo ou realizar uma tarefa específica, primeiro precisamos ter a intenção de alcançá-lo. Essa intenção, por sua vez, leva a uma série de ações que nos aproximam desse objetivo, como calçar os tênis para correr ou se sentar para estudar. Porém, entre a intenção e a ação, surgem obstáculos como distrações, procrastinação ou aquela sensação de cansaço e preguiça.

No início, o entusiasmo que sentimos ao ver resultados rápidos nos dão a energia necessária para superar essas barreiras e seguir em frente. No entanto, depender da empolgação é onde muitas pessoas erram. Isso porque, na melhor das hipóteses, esse sentimento diminuirá de uma chama para uma brasa com o tempo. Na pior e mais provável, se extinguirá totalmente.

Perdemos essa motivação inicial porque somos instigados pelo resultado, não pelo processo. Queremos ter um corpo em forma, mas não queremos abrir mão dos eventos sociais. Queremos empreender e ficar ricos, mas não queremos o estresse e o risco financeiro que vem com isso. Queremos nos tornar autoridades em nossas respectivas áreas, mas não queremos responder às milhares de perguntas de quem realmente precisa desse conhecimento.

As coisas pelas quais pensamos que somos apaixonados não são tão glamourosas quanto imaginamos, seja alcançar o corpo perfeito, o trabalho dos sonhos ou relacionamento ideal. Uma vez que o entusiasmo inicial desaparece, teremos que fazer tarefas chatas e repetitivas, o que muitas vezes revela que essas vontades eram idealizações.

É por isso que é tão importante buscar agir de modo a sentir--se motivado. Caso você não dedique tempo suficiente para criar hábitos mais saudáveis e sustentáveis, voltará ao que fazia antes. Todo o progresso será desfeito até que você tenha outro impulso de motivação para tentar novamente.

Então, pare de procurar motivação e comece a se perguntar se você está pronto para se comprometer a fazer o que você diz que quer, independentemente de estar ou não vendo progresso. Não podemos esperar que a mudança seja como queremos, essa ilusão é uma das muitas razões pelas quais as pessoas desistem e nunca alcançam seus ideais.

Abrace os altos e baixos da jornada. Dê a si mesmo alguma margem de manobra. Espaço para respirar e cometer erros. Porque erros vão acontecer. E tudo bem. Faz parte do processo. Ao planejar cometer erros ao longo do caminho, você elimina a culpa que sente ao sair da pista. E quando você elimina a culpa, também elimina o sentimento de fracasso que nos impede de voltar aos trilhos.

Abrace os altos e baixos,
porque erros vão acontecer.
Faz parte do processo.

O PAPEL DO AMBIENTE NA MUDANÇA

Uma das chaves para manter a consistência, é aproveitar o impulso inicial da motivação para construir um sistema simples que não precise pensar muito para repetir. Pois o objetivo final dos hábitos é resolver os problemas da vida com o mínimo de energia e esforço possíveis. É o que gera mudanças duradouras.

Busque modificar seu ambiente de modo que facilite a execução do comportamento que você deseja implementar ao mesmo tempo em que dificulte o acesso aos hábitos que deseja substituir. A mudança começa de fora para dentro.

Em "Hábitos atômicos," James Clear argumenta que o estabelecimento de novos hábitos é facilitado quando o tornamos claro e fácil de ser realizado. Ele sugere que, em vez de tentarmos corrigir os problemas diretamente, devemos configurar nosso entorno com estratégias práticas, como:

- **Facilitar os hábitos positivos:** deixar o livro que deseja ler mais visível e acessível em vez de escondê-lo na gaveta, por exemplo.
- **Dificultar os hábitos negativos:** se você deseja reduzir o tempo que passa nas redes sociais, uma estratégia seria remover os aplicativos do seu smartphone. Esta pequena mudança aumenta a fricção para hábitos indesejados, tornando mais fácil resistir à tentação.

A mudança de comportamento ocorre não apenas por força de vontade, mas também pela manipulação estratégica do ambiente para alinhar nossos comportamentos com nossos objetivos desejados.

Eu sei, é difícil, também não faço isso sempre. Mas as coisas ficam muito mais fáceis quando faço. Afinal, como ficar acordado até as duas da manhã rolando as mídias sociais e precisar colocar 17 despertadores para acordar todos os dias ajudaria em alguma coisa?

Não estou promovendo uma vida sem graça. Só estou dizendo que os seus objetivos se tornam mais fáceis de serem conquistados quando são estruturados em torno de hábitos que os facilitem. O ambiente é crucial. Não importa quão disciplinado ou motivado você seja. No ambiente errado, você não vai produzir nada. Enquanto no ambiente certo, suas ações serão potencializadas.

Não há sorte envolvida, atrair as coisas certas exige afastar as coisas erradas da sua vida: pessoas, comportamentos, distrações e comidas. A longo prazo, são as pequenas mudanças no contexto que levam a grandes mudanças. O problema é que existe um limiar que nos impede de enxergar até que o necessário seja feito. Isso vale tanto para o bem quanto para o mal. Fumar um cigarro não mata, mas a consequência de fumar todo mundo já conhece. Da mesma maneira que sair da dieta uma vez não engorda e comer uma salada não emagrece.

No entanto, como não percebermos uma mudança imediata, continuamos repetindo o comportamento que nos proporciona prazer instantâneo até que nos damos conta das consequências. As correntes do hábito são leves demais para serem sentidas e fortes demais para serem quebradas.

O BÁSICO BEM-FEITO

Todos queremos resultados grandiosos, mas o segredo está na consistência de ações simples e repetitivas. Na escrita, por exemplo, o processo de revisar o mesmo parágrafo várias vezes ou escolher a palavra certa pode parecer chato, mas é esse trabalho meticuloso que cria um bom livro. Esse princípio vale para qualquer área: não há atalhos para alcançar algo extraordinário. É preciso fazer o básico consistentemente.

A famosa frase de Ernest Hemingway, "O primeiro rascunho de qualquer coisa é uma merda," captura a essência do processo. Ao iniciarmos um projeto, é comum que a primeira versão seja cheia de imperfeições e ideias desorganizadas. No entanto, o verdadeiro valor não está em evitar esses erros, mas em entender que o rascunho inicial é apenas o ponto de partida. Ninguém acerta de primeira, e é na edição que a mágica acontece. É preciso lapidar o diamante bruto para que ele ganhe forma, clareza e coesão.

Mesmo agora, nada do que eu faço é impressionante. Meus hábitos atuais incluem jogar o lixo, lavar a louça, postar no Instagram, responder minha caixa de mensagens, preparar comida, escrever, editar, revisar, treinar e andar por meia hora. Feito isso, posso repetir no dia seguinte.

Muito do que ajudou a construir minha presença nas mídias sociais não foi tanto sobre o conteúdo em si, mas a frequência com que eu publiquei. Em vez de me preocupar com a qualidade estética do *post*, eu apenas me preocupava em postar todos os dias e em aprimorar meu conteúdo. Meus seguidores ficaram abaixo de cinco mil por anos, mas eu continuei postando.

O principal motivo pelo qual muitas pessoas não conseguem consolidar seus objetivos é porque esperam um retorno instantâneo do esforço. Elas não deixam o hábito trabalhar tempo suficiente para produzir um retorno substancial. Então, acabam interrompendo esse hábito.

Claro que seria legal ter o que você quer agora, mas isso não traria realização por muito tempo. A maior ilusão que existe é pensar que a conquista de um objetivo vai mudar completamente sua vida. O que muda de fato sua vida é quem você se torna no processo de correr atrás dos seus objetivos.

Eu poderia atribuir meu sucesso à minha aparência, inteligência e abordagem sincera – e, não vamos esquecer, uma audácia impecável. Eu poderia supor que meu sucesso se deve ao fato das

Não foi talento.
Foi determinação
e café.

minhas postagens serem muito boas. Acreditar nessa história seria o meu fracasso.

Isso porque eu estaria negligenciando os princípios fundamentais de como realmente aconteceu. A verdade é que por anos minha rotina era acordar pouco antes das seis da manhã, treinar, estudar, postar e abrir caixinhas de perguntas e respostas no *Instagram*. Eu tinha cem pessoas assistindo meus *Stories* com assuntos que variavam desde acne até *borderline*, todos os dias. Fins de semana, com ressaca, eu fazia o mesmo. Deixei de sair por um longo tempo. Não foi talento. Foi determinação e café para garantir que iria sair da cama.

Se eu ouvir o retrato idealizado do meu ego de como obtive sucesso relativo, eu corro o risco de não reconhecer os reais fundamentos desse sucesso em primeiro lugar.

Ninguém nasce com excelência. No entanto, todo mundo teria algum resultado caso se concentrasse apenas em fazer o básico e ignorasse tudo que brilha, especialmente o drama. Claro que, em algum ponto, o básico não é refinado o suficiente para atingir um objetivo muito específico. Mas todos os extras são apenas a cereja do bolo. E com um bolo ruim, a cereja é só uma cereja.

O básico que funciona, se feito consistentemente:

- água
- banho
- escovar os dentes
- treino
- cardio
- sono
- sexo
- andar mais
- amo você
- por favor
- obrigado
- frutas
- vegetais

AUTOSSABOTAGEM

Então, o que isso significa na prática? Quando começamos a nos mover na direção certa, podemos passar a contar uma história para nós mesmo: "Eu emagreço rápido" ou "eu aprendo fácil".

Isso pode resultar em mais refeições fora de hora, beliscar sem contabilizar e pensar que você é intuitivo o bastante para fazer funcionar. "Eu já aprendi o suficiente." Ignorando os dias que não prestou tanta atenção, pensando que você já fez o bastante para justificar não se esforçar tanto daqui para frente.

Essa autossabotagem começa quando tentamos predizer o que vai acontecer, o que nos dá a ilusão de estar no controle. Não é como se você acordasse e dissesse: "Eu vou fazer o que eu puder para estragar tudo!" Não. Em vez disso, você encontra maneiras sutis de trabalhar contra si mesmo, justificando suas ações. "Eu sou muito bom no que faço, não preciso me esforçar muito." É quando muitos regridem ao estado que iniciaram, ou pioram.

Nosso cérebro busca familiaridade e conforto. Com isso, encontra maneiras de nos impedir de reescrever nossa história como uma forma de nos manter seguros. Seguros do fracasso, da rejeição, ou mesmo de conquistar o que desejamos. E, a menos que você comece a mudar seu sistema de crenças, vai continuar encontrando maneiras de afirmar seu modo de ser.

Algumas formas de autossabotagem:

- criar caos toda vez que você se encontra em paz
- aceitar menos quando você sabe que vale mais
- se agarrar ao passado em vez de viver seu presente
- não falar a sua verdade por medo de não agradar os outros
- escolher o que faz mal quando você sabe o que é saudável
- afastar quem se preocupa com você por medo de ser abandonado
- perder uma chance por pensar demais
- evitar oportunidades por medo de errar

A autossabotagem não discrimina. Todos nós, em algum momento, enfrentaremos isso e precisaremos superar nossos medos e crenças limitantes. Portanto, seja compassivo consigo mesmo. Criar mudanças e desfazer anos de condicionamento não é um passeio no parque.

PEQUENOS PASSOS, GRANDES RESULTADOS

Nesse processo da consistência, muitas pessoas se perdem pois tentam imaginar cem passos adiante sem ter um contexto. Acontece que não existe como velejar em uma linha reta. Se um navio não fizer mudanças aparentemente pequenas na direção, desviaria o curso e se afastaria do seu destino por centenas de quilômetros.

Por isso, em vez de focar em ir do zero ao cem. Foque em ir do zero ao um, do um ao dois, do dois ao três... E assim por diante. Seja paciente e entenda que os desafios que surgirem estão lhe preparando para o próximo estágio. O maior segredo do sucesso é se acostumar a continuar fazendo e nunca desistir. Você só precisa planejar o próximo passo. Um pé, depois o outro.

Se a tarefa completa parece muito intimidadora, quebre em pedaços menores até que se torne ridiculamente fácil e impossível de falhar. Comece andando uma quadra, perdendo um quilo, compartilhando um post, ganhando um real. Muitas vezes a parte mais difícil é começar. Assim que você implementa, vai parecer mais fácil e natural de continuar o hábito.

Não se preocupe com o que você quer fazer para o resto da sua vida, preocupe-se apenas com o que você quer aprender nesse ponto da sua vida. À medida que você prioriza fazer o seu melhor hoje, o caminho se ilumina. Tente, erre, reconheça e aprimore. É a soma das coisas simples dia após dia que gera resultados impressionantes.

Isso inclui como você aproveita sua rotina, com quem você compartilha seus pensamentos, que tipo de conteúdo consome, como fala consigo mesmo, o quanto se movimenta e a qualidade do que você se alimenta. A arte do sucesso está em fazer coisas básicas de forma tão consistente que as pessoas cheguem à conclusão de que você é "talentoso".

APRENDENDO A APRENDER

A escola me convenceu de que eu era péssimo em português, nunca fui bom em redação. O que é engraçado, porque hoje eu escrevo em tempo integral. Ironicamente, o motivo pelo qual as pessoas leem o que eu escrevo é o mesmo motivo pelo qual sempre tirei notas baixas: eu me afasto dos tópicos convencionais, sou extremamente pessoal e compartilho muito de mim mesmo. Minhas histórias às vezes são engraçadas ou simplesmente bizarras.

Por isso, defendo a ideia de que precisamos reaprender a ser autodidatas. Por que reaprender? Porque toda criança tem sede de conhecimento, estão aprendendo tudo toda hora, mas as instituições de ensino nos traumatizam, na base da coerção, da obrigação, do medo, sem prazer.

Nas salas de aula, aprendemos que o sucesso depende da aprovação dos outros, que falhar é motivo de vergonha e a sempre depender de uma autoridade. De fato, estudar não torna a vida melhor, podemos estudar, estudar, estudar, e não aprender nada. É preciso reaprender a aprender.

Eu não comecei sendo um escritor. Eu comecei minha página postando despretensiosamente duas vezes por semana nos primeiros anos. No entanto, à medida que as evidências aumentavam, minha identidade de escritor se solidificou. Passei a ser por meio de meus hábitos.

Isso não é algo que muitos esperam. Centenas de dias sem nada em troca – mas o truque é simples: quarenta minutos do seu dia, por anos. Muitas vezes nos esquecemos que são as pequenas mudanças significativas, como fazer uma caminhada diária, que nos ensinam a confiar em nós mesmos e a manter nossa palavra.

ACEITANDO A IMPERFEIÇÃO

Como a grande maioria, por muito tempo também ignorei o que pessoas bem-sucedidas costumam dizer: "a melhor hora para começar é agora" ou "não espere estar pronto para começar".

Eu acreditava que precisaria gastar milhares de reais com posts patrocinados, câmeras, luzes, equipamentos de áudio e edições. No entanto, com a pandemia, eu me encontrei mais uma vez em uma daquelas situações em que a necessidade não consultou conveniência, precisei abandonar todas essas crenças e comecei a postar no Instagram. Foi uma bagunça. Usei memes, tretas, conteúdo técnico. Eu não tinha um iphone, nem dinheiro, nem um plano. Apenas erros gramaticais em todo o lugar.

O engraçado é que foi necessário aceitar essa bagunça para aprender a lição valiosa que todo pessoa bem-sucedida estava tentando ensinar: tudo que você fizer será uma merda no começo. Esteja bem com isso. Aproveite que está no começo para testar tudo que puder. É a partir disso que você vai aprender o que funciona melhor para o seu contexto.

É uma tendência pensarmos que se tivéssemos mais recursos ou outra genética faríamos isso e aquilo. Não se iluda: o que realmente acelera o progresso na vida de alguém é a ação – incluindo o domínio das ferramentas à disposição – em vez de esperar ter o equipamento perfeito. Sem esse tipo de busca pela maestria, nossas ferramentas são inúteis. Quanto mais você treina, mais elas se tornam uma segunda natureza e menos demanda cognitiva é necessária para operá-las.

A limitação gera criatividade. Quanto menos recursos, mais criativos precisamos ser para produzir um bom trabalho. A completa liberdade criativa é paralisante. Precisamos de algo com que nos rebelar.

Então, hoje, não estou pedindo de você um começo perfeito. Apenas comece. Onde você está não é importante; aonde você está indo, sim. Dê seis meses a si mesmo sendo consistente em uma coisa: aprenda uma habilidade nova, mude sua condição física, cresça sua comunidade.

Eu sei bem quão difícil é começar quando não tem ninguém aplaudindo. Mas seja seu maior fã nessas horas. Sua dedicação e seus esforços só serão reconhecidos quando você tiver sucesso. Não corra disso. Tenha orgulho de cada passo na direção certa. Pois a consistência muda mais vidas do que a sorte.

> Na mitologia nórdica, o martelo de Thor, Mjolnir, não era uma criação perfeita. Seu cabo era curto, pois seu irmão Loki cegou parcialmente os anões enquanto era forjado. Ainda assim ele usou sua força e astúcia para superar essa falha e derrotou seus inimigos em quase todos os turnos.
>
> Thor conhecia todas as peculiaridades do seu martelo e entendeu que ele não falharia se o usasse de maneira adequada e estratégica. Foi necessário treinar exaustivamente antes de realmente tirar o máximo proveito do seu famoso martelo defeituoso. Enquanto as ferramentas são necessárias e podem ajudar e aumentar a eficácia, devemos estar dispostos a agir com o que temos à disposição.

O DESCONFORTO **MOMENTÂNEO** É UM SACRIFÍCIO **NECESSÁRIO**

CAPÍTULO 4

DISCIPLINA, A FERRAMENTA PARA LIDAR COM A DIFICULDADE

Cada nível que subimos na vida nos exige mais maturidade. Não é possível chegar muito longe caso você se esforce apenas quando sente vontade. Nesse contexto, a disciplina é o que nos faz continuar avançando, independentemente das circunstâncias.

Disciplina é a habilidade de explicar ao seu cérebro que o desconforto momentâneo é um sacrifício necessário para obter recompensas maiores no futuro. Por exemplo, para entrar em forma, é preciso estar bem em sentir desconforto físico. Para melhorar o que fazemos, é preciso o desconforto de expor nosso trabalho e ouvir as críticas.

Para desenvolver autoconsciência, é preciso estar preparado para a desconfortável verdade sobre quem você é. Isso também se aplica ao desenvolvimento de novos hábitos e ao abandono dos antigos. Ambos os processos são cheios de desconforto.

Foi exatamente isso que aconteceu comigo quando entrei no quartel. No contexto militar, o processo de construção da disciplina começa durante o treinamento básico. É nessa fase que os recrutas são submetidos a um ambiente rigorosamente controlado. Procrastinação, preguiça e o famoso "não estou com vontade" não existem. Cada minuto do dia é planejado, cada comportamento é regulado, e o não cumprimento das regras resulta em punições.

Esse treinamento cria hábitos que, com o tempo, transformam os civis comuns em soldados disciplinados. A ideia é que, ao reforçar o comportamento repetidamente, ele se torna automático. Isso se traduz para a vida civil como a capacidade de agir consistentemente, mesmo diante de desafios.

O que nós fazemos nos dias ruins importa mais do que nos dias bons. Quanto mais disposição para escolher o caminho difícil, melhores serão suas oportunidades e sua qualidade de vida. Isso porque o desconforto impulsiona a ação. A ação traz mudança. A mudança gera incerteza. A incerteza abre espaço para novas possibilidades.

Por outro lado, o excesso de conforto envenena a mente humana. A cada dia, torna-se mais difícil escapar de suas garras, que aos poucos estrangula a necessidade básica de crescimento, deixando-nos eternamente insatisfeitos. Para alcançar algo significativo, devemos renunciar ao nosso desejo por conforto. A verdadeira maturidade surge quando percebemos que a dificuldade é uma benção, não uma maldição. Compreender isso é o que nos permite crescer de forma autêntica.

No ambiente militar, há o conflito entre a vontade de seguir ordens e o instinto de sobrevivência. Já no nosso cotidiano, o conflito é entre a vontade de fazer o que precisa ser feito e a vontade de procrastinar ou se entregar ao conforto.

Ter disciplina é, em última instância, a capacidade de obedecer à sua versão superior, aquela que sabe o que é melhor para você e traça planos para alcançar seus objetivos. Fugir do desconforto imediato pode parecer uma solução, mas no longo prazo, acabamos nos afundando em problemas ainda maiores e mais difíceis de resolver.

Afinal, tudo é difícil:

- treinar
- estudar
- perder peso
- investir
- ser paciente

Mas não se esqueça quão difícil é:

- ser fraco
- morrer cedo
- estar quebrado
- sempre cansado
- doente

É justamente nos momentos de adversidade que descobrimos quem somos de verdade. Nesses momentos que somos apresentados aos nossos verdadeiros limites, capacidades e crenças. Sem isso, tudo o que acreditamos saber sobre nós mesmos não passa de suposição.

Nos momentos de adversidade, descobrimos quem somos de verdade.

COISAS DIFÍCEIS LEVAM A COISAS BOAS

Em *Antifrágil*, Nassim Taleb reforça que o crescimento verdadeiro vem da exposição ao estresse e à incerteza. Quando evitamos o desconforto, nos tornamos incapazes de lidar com os desafios inevitáveis da vida.

Coisas frágeis buscam tranquilidade, estabilidade e conforto porque têm mais a perder do que a ganhar em tempos de volatilidade. Tentam evitar a mudança, o atrito e a tensão. No entanto, não apenas tentar eliminar o estresse e a variabilidade é uma causa perdida, mas também torna a pessoa ainda mais frágil.

Coisas frágeis são excessivamente otimizadas. Nosso mundo moderno é obcecado por eficiência e otimização. Somos instruídos a sermos tão produtivos quanto possível com nosso tempo, por meio de listas, métodos e apps. Isso funciona... se tudo der certo. Mas a realidade é que tudo raramente sai como planejado. A aleatoriedade é a regra, não a exceção.

Tudo é impermanente. Perder faz parte da experiência humana e, paradoxalmente, é essa impermanência que dá valor às coisas. A consciência de que tudo um dia será perdido deve nos motivar a valorizar os momentos e as pessoas enquanto ainda estão presentes.

Nada é estático. A estabilidade é uma ilusão. Portas se abrem e fecham. Circunstâncias melhoram e pioram. Pessoas vem e vão. Esteja disposto a mudar, pois o presente não continuará sempre igual. Ao aceitar a finitude das coisas, encontramos clareza sobre o que realmente importa e passamos a dar mais significado às nossas ações diárias.

A vida só fica difícil quando tentamos facilitar as coisas. Se exercitar não é fácil, mas não fazer nada torna a vida mais pesada. Ter aquela conversa é difícil, mas evitar o conflito não melhora a situação. Ficar bom em alguma coisa é trabalhoso, mas não ter habilidades é ainda pior. O fácil tem seu custo.

Os pais superprotetores são ótimos exemplos de "fragilistas". Na tentativa de tornar a vida o mais segura possível para seus filhos, eles realmente os preparam para um fracasso quando inevitavelmente enfrentam adversidades por conta própria. A psique humana exige adversidade e estresse para se tornar forte. Ao privar seus filhos do estresse, esses pais coruja "fragilizam" o futuro deles.

Por sua vez, coisas resilientes permanecem estáveis em tempos de adversidade e tranquilidade. O budismo e o estoicismo promovem a resiliência psicológica, pois ambas ensinam aceitar a mudança. Essencialmente, coisas resilientes se contentam com o estado das coisas (*status quo*), ou seja, se recuperam da adversidade, mas apenas ao estado em que estavam antes.

Por fim, ao contrário de coisas frágeis, os sistemas antifrágeis se alimentam do caos e da incerteza. A natureza é antifrágil e preenchida com diversas redundâncias "ineficientes". Os animais têm dois pulmões, dois rins e dois testículos, sendo que apenas um seria

Não existe progresso sem sacrifício.

suficiente. A redundância é ambígua, porque parece um desperdício se nada de anormal acontecer. Exceto que algo incomum geralmente acontece.

Nunca conheci uma pessoa forte com um passado fácil. Toda situação que nos deixa desconfortável, que requer coragem e que testa nossa força, é a mesma que leva ao crescimento e ao sentimento de realização. Se você estiver disposto a passar pela chama da incerteza, eventualmente experimentará a glória que aguarda do outro lado. O fundo do poço ensina lições que o topo nunca proverá.

OBJETIVOS E SACRIFÍCIOS

Ter um objetivo é fácil, qualquer criança tem. O difícil é ser honesto consigo mesmo em relação ao preço que se está disposto a pagar. Você está disposto a sacrificar seu tempo para treinar? Está disposto a sacrificar seu dinheiro para comer bem? Está disposto a sacrificar seu ego para aprender?

Não existe progresso sem sacrifício. A pessoa com quem você se relaciona é a pessoa com quem você discute. A casa que você compra é a casa que você reforma. Seu trabalho dos sonhos também vai te estressar. Tudo vem com um sacrifício inerente. O progresso vem como resultado do sacrifício. A grandeza é consequência do progresso.

Mark Manson, em A sutil arte de ligar o F*da-se, discute a importância de aceitarmos a realidade e usar essa aceitação como um ponto de partida para a mudar nossas vidas. Ele sugere que a honestidade consigo mesmo é crucial para lidar com nossos problemas e que evitar a verdade apenas prolonga o sofrimento.

Não importa se um meteoro caiu em cima da minha casa. Eu ainda sou responsável por decidir como vou reagir a isso. Nada tem a capacidade de arruinar nosso dia. A nossa resposta ao que aconteceu foi escolher se irritar. Se você realmente quer melhorar sua vida:

1. Aceite a realidade tal como ela é, sem tentar se enganar sobre ela.
2. Assuma responsabilidade por tudo que acontece na sua vida, mesmo que não seja sua culpa.
3. Comprometa-se com ações que apoiem seus objetivos, mantendo a consistência no seu comportamento.

Existe um ditado que resume bem essa ideia: “Se você resiste, persiste; se você aceita, transcende.” Não é preciso entender, tolerar ou esquecer. Mas é preciso aceitar se quiser ter paz.

Isso não significa se conformar com a realidade, mas sim preparar o terreno para agir de maneira efetiva. Quando temos a sabedoria de aceitar onde estamos, podemos decidir para onde queremos ir. É nesse ponto que se torna possível transformar obstáculos em oportunidades de crescimento.

A disciplina não pode ser enganada. Ela reflete exatamente quanto tempo e quanto esforço foi dedicado. Não há como esperar pelos resultados daquilo que você não trabalhou. Todo dia teremos que lutar contra nossos vícios, dúvidas, desculpas, tentações e distrações. Você pode recuar ou avançar, mas você sabe o que deve fazer.

> "A CAVERNA QUE VOCÊ TEME ENTRAR, GUARDA O TESOURO QUE VOCÊ PROCURA.",
>
> JOSEPH CAMPBELL

Para conquistarmos nossos objetivos, precisamos nos frustrar, pensar em desistir e desejar que fosse mais rápido. Esses são sinais de que você está testando seus limites e crescendo. É precisamente nesses momentos de desconforto que a verdadeira disciplina se manifesta. A disciplina não é a ausência de obstáculos, mas a determinação de seguir em frente apesar deles. Use seu medo, sua raiva e suas frustrações como combustível para te levar adiante.

A lei de Parkinson diz que, quanto mais tempo você dedicar a uma tarefa, mais tempo levará para concluir. O trabalho se expande de modo a preencher o tempo disponível para a sua conclusão. Ou seja, se você se der uma semana para limpar a casa, você vai levar uma semana. Se você se der meia hora, vai levar meia hora. Isso se aplica às suas ambições, objetivos e ao seu potencial.

Como Aristóteles disse, "a liberdade é a obediência às regras que você cria para si mesmo." Você pode mudar de vida ao criar senso de urgência na sua vida atual a partir do exemplo militar:

1. Comece com a criação de regras e padrões claros para si mesmo.
2. Mantenha uma mentalidade de "zero desculpas".
3. Cumpra todos os dias sem exceção.
4. Adicione gradualmente novos desafios.
5. Esteja sempre alerta. Especialmente no início, é fácil escorregar.

Certifique-se de que suas metas sejam claras, realistas, importantes para você e com um prazo específico. É sua responsabilidade desaprender os comportamentos que atrapalham seu progresso. Não tem nada te impedindo. Não são as pessoas à sua volta. Não é a cidade que você mora. Não é o inimigo. É você. O crescimento é difícil. Assim como permanecer no mesmo lugar, ano após ano. Nunca vai ficar fácil. É você quem fica melhor.

No fim, alcançar seus objetivos não é só sobre desejo, cada meta exige renúncias: de tempo, conforto, dinheiro ou até do ego. Em última análise, a verdadeira grandeza não está apenas no que você conquista, mas em tudo o que você foi capaz de abrir mão para tornar isso possível.

A IMPORTÂNCIA DA INICIATIVA

A única razão para você não se sentir pronto é a falta de experiência, e para ter experiência você precisa começar. Busque ser o primeiro a dizer bom dia, a ajudar outra pessoa, a pedir desculpas, a dizer que ama alguém. Você enfrentará mais rejeição, mas também terá todo sucesso quando der certo. A vida retribui quem tem iniciativa, não quem espera acontecer.

Para fazer boas escolhas, é preciso identificar trocas onde há grande recompensa para um risco relativamente pequeno. E, claro, é preciso ter disposição para enfrentá-los. A maioria das pessoas recua assim que percebe o risco, preferindo ficar na zona de conforto. Com isso, nunca começam seu próprio negócio. Nunca chegam junto da pessoa das quais gosta. Nunca tentam algo novo com medo de falhar. Essa é a diferença entre quem se arrepende e quem se orgulha.

> "VOCÊ NÃO PRECISA SER EXCELENTE PARA COMEÇAR, MAS PRECISA COMEÇAR PARA SER EXCELENTE",
>
> ZIG ZIGLAR.

Falar com alguém por quem você se sente atraído é um exemplo clássico. O pior que pode acontecer é você ser rejeitado e se sentir envergonhado. Mas o melhor cenário é uma relação transformadora e enriquecedora. O risco vale a pena. Desenvolver tolerância ao risco é, na verdade, treinar-se para lidar com falhas e constrangimentos de forma construtiva.

Portanto, tenha mais medo de não tentar do que fracassar. Recomece quantas vezes for necessário, mas nunca desista. É preciso arriscar falhar para ter sucesso. Ser rejeitado para ser aceito. Ter o coração partido para amar. Evite o risco e você arrisca deixar sua vida passar.

ENFRENTANDO A RESISTÊNCIA

Todos temos aquela a voz interna que nos conforta momentaneamente, a *Resistência*. Em *Guerra da Arte*, Steven Pressfield define essa voz como a força mais poderosa que nos impede de alcançar o que realmente desejamos. Essa resistência se manifesta de várias formas, como procrastinação, dúvidas e medos, e quanto mais importante um projeto é para nós, mais intensa se torna essa força. É aqui que entra a disciplina: ela é a prática consciente de ignorar essa voz e focar no que realmente importa.

Qualquer ato que rejeite a gratificação imediata em favor do crescimento de longo prazo evocará a *Resistência*, é uma parte intrínseca da condição humana. Uma batalha travada diariamente, em que a verdadeira vitória reside em persistir e agir, mesmo diante do medo e da autossabotagem.

Treinar a si mesmo para obedecer às suas próprias regras é mais uma ferramenta valiosa que você deve adquirir. Sem disciplina, você se torna refém das circunstâncias e dos caprichos momentâneos. Ao dominar essa habilidade, você adquire o poder de transformar qualquer plano em realidade.

Nada no mundo pode substituir essa persistência. O talento por si só não é suficiente, pois é muito comum encontrar pessoas talentosas que não alcançam sucesso. A inteligência, por si só, também não basta; há muitos exemplos de pessoas inteligentes que não foram recompensadas. A educação, por melhor que seja, não garante conquistas, já que o mundo está cheio de pessoas instruídas que não sabem o que querem da vida. A determinação tem sido e sempre será a chave para resolver os problemas da humanidade.

SENTIR-SE **PERDIDO** É PARTE DA **JORNADA**

ϟ CAPÍTULO 5

SENSO & DIREÇÃO

Propósito é um conceito que muitas vezes gera confusão. Em algum momento, todos nós nos perguntamos sobre o sentido da nossa existência. Sentir-se perdido é parte da jornada. Mas ter uma razão maior transforma nossa perspectiva.

Quando pensamos em propósito, muitas vezes imaginamos uma mudança de chave que, de repente, resolverá todos os nossos problemas e dará sentido a tudo o que fazemos. Porém, essa visão é frequentemente enganosa e pode estar impedindo você de encontrar o seu propósito. Ou melhor, de criar o seu propósito. Já que a ideia de que cada pessoa tem uma única missão pré-determinada na vida é uma falácia narrativa. Um viés cognitivo em que usamos fragmentos do passado para criar relações de causa e efeito e, com isso, dar sentido ao mundo.

A realidade é ambígua e incerta. E, como tudo na vida, o propósito não é estático. As coisas que pareciam fazer sentido quando eu tinha vinte anos não são as mesmas de quando eu tinha trinta anos e certamente não serão as mesmas de amanhã. Isso é ótimo, sinal de que estamos amadurecendo.

Você pode e deve ter muitos propósitos ao longo da vida. Até porque, se por algum motivo esse papel único for tirado de você, certamente terá uma crise existencial.

Esse não é um dom natural, mas o resultado de um processo intencional de construção. Por isso, nunca culpe ninguém por sua falta de propósito. Não existe nada te impedindo. Esse sentimento se desenvolve à medida que desenvolvemos habilidades valiosas. É uma consequência do esforço e dedicação para alcançar algo de valor, não um requisito para você começar.

> "SEU PROPÓSITO É O RESULTADO DO TRABALHO ÁRDUO, DAS LIÇÕES APRENDIDAS E DA PAIXÃO APLICADA",
>
> CAL NEWPORT, *BOM DEMAIS PARA SER IGNORADO*

Nesse processo, é fundamental entender que o propósito não surge ao acaso, mas da excelência alcançada com o tempo. Muitas pessoas se sentem perdidas, pois buscam estar sempre confortáveis, importam-se com que os outros pensam, então têm medo de arriscar.

Quando você decidir colocar em prática algo positivo na sua vida, não pense muito. Corte distrações e execute. É como pular em uma piscina. Conte até três e vá. O excesso de opções é paralisante. Como Barry Schwartz aborda em seu livro *O paradoxo da escolha*, ter muitas opções pode levar à ansiedade e à indecisão. A indecisão, por sua vez, acaba com mais sonhos do que a incompetência. Nossa mente quer mil coisas ao mesmo tempo, o que nos faz travar. Ao restringir suas opções e focar em suas prioridades, você reduz a sobrecarga mental e aumenta a probabilidade de tomar decisões satisfatórias e eficazes.

Uma vida com propósito não é apenas sobre o que você faz, mas sobre como o que você faz impacta o mundo ao seu redor. Esse sentimento surge quando você encontra maneiras de aplicar suas habilidades em áreas que geram valor. O impacto positivo, por sua vez, alimenta a sensação de que seus desafios são significativos e que seu tempo em vida está sendo bem aproveitado.

Portanto, o primeiro passo é fazer uma avaliação honesta em sua vida. Pergunte-se: você sente propósito no seu trabalho, nas suas relações, nos seus objetivos? Sente que está fazendo sacrifícios que realmente importam? Se a sua resposta for "não", tudo bem. Essa resposta é normal e, muitas vezes, é o ponto de partida para iniciar a construção de uma vida mais significativa.

Comece sendo ruim, aprenda com seus erros e fique melhor, pois cada falha é uma oportunidade de crescimento. Com o tempo, ao tornar-se competente na sua área de interesse, sua habilidade será impossível de ignorar e seu propósito se revelará naturalmente.

RESUMO DAS FERRAMENTAS À DISPOSIÇÃO

Uma pessoa com propósito faz mais em alguns anos do que a maioria faz a vida toda. Mas o propósito não vai resolver tudo. Você ainda vai acordar de mau humor, desmotivado, sem vontade e sentir que não é suficiente. É por isso que precisamos de todas essas ferramentas para construirmos quem nós queremos ser:

1. A **autoconsciência** faz você enxergar suas forças e suas fraquezas.
2. A **consistência** abre as portas para a repetição, o que possibilita aprimorar suas habilidades e aumentar as oportunidades.
3. A **disciplina** garante que suas emoções não controlem seu trabalho e que você faça o que precisa fazer quando for preciso.
4. O **propósito** leva você ao próximo nível, pois requer que você trabalhe de maneira inteligente, pelo tempo que for necessário.

Juntas essas ferramentas diminuem a necessidade de força de vontade e tornam os hábitos mais fáceis de serem implementados. Se você não tiver nenhuma delas, não se preocupe: todas são habilidades. E toda habilidade pode ser desenvolvida por meio da repetição e do aprimoramento.

PRÁTICAS
SIMPLES
PODEM
TRANSFORMAR

ϟ CAPÍTULO 6

O ESSENCIAL PARA VIVER BEM

Com as ferramentas necessárias ao nosso dispor, é hora de focar nos pilares fundamentais para uma vida melhor. Estas práticas simples, mas essenciais, podem transformar sua rotina diária. Então, prepare-se e leia com atenção – essas próximas informações vão melhorar sua vida.

SOL

Se expor alguns minutos ao sol todos os dias, especialmente durante as primeiras horas da manhã, pode ajudar a regular o ritmo de sono e aumentar os níveis de energia.

A luz solar é fundamental para a produção de vitamina D, um hormônio essencial que fortalece os ossos e apoia o sistema imunológico. De acordo com as principais diretrizes mundiais em saúde, a deficiência de vitamina D está associada a uma série de problemas de saúde, como osteoporose e problemas cardiovasculares.

Estima-se que um bilhão de pessoas no mundo tenham deficiência de vitamina D. Isso se deve principalmente ao estilo de vida, onde as pessoas não passam tempo suficiente ao ar livre, o que pode ser influenciado por fatores ambientais, como poluição do ar e até padrões de turnos de trabalho.

Além disso, o sol tem um efeito positivo sobre o humor, contribuindo para sensação de bem-estar. Não estou dizendo que se você está deprimido, basta pegar mais sol, mas certamente é um fator a ser considerado. Certamente me sinto muito melhor dias ensolarados, mas sei que isso não é sempre uma opção, então, se você puder tomar, tome.

DESCONECTE-SE

Para maximizar os benefícios do sol, procure passar pelo menos 15 minutos ao ar livre diariamente, sem a distração de dispositivos eletrônicos. Isso pode ser feito durante uma caminhada matinal, uma pausa no trabalho ou simplesmente sentando-se em um parque.

Aproveite esse tempo para focar no momento presente, observe a vista, os sons e as sensações. Permita que o sol aqueça sua pele e a natureza acalme sua mente, proporcionando uma pausa necessária para se reconectar consigo mesmo e com o mundo.

Os algoritmos são otimizados para que você sinta que nunca é suficiente. Estar em contato com a natureza faz você perceber que já tem tudo que precisa. Não deixe de sair de casa.

SONO

Muitas pessoas procuram suplementos, *hacks* ou soluções rápidas para melhorar sua situação atual, mas mal percebem que há uma solução quase mágica que pode aumentar a energia, a função cognitiva, a libido e ajudar manter o peso. E melhor ainda, não custa nada – é simplesmente dormir o suficiente.

Sei disso porque, quando eu penso nas questões mais relevantes que eu negligenciei por muito tempo, diria que o sono está no topo da lista. Desde que eu entendi a importância do sono na minha saúde, no meu humor e até mesmo na minha aderência aos meus objetivos, minha vida mudou.

O sono é tão vital que evoluímos para passar um terço da vida em repouso, mesmo com os riscos inerentes que isso representava na natureza. Mais e mais pesquisas constatam que mesmo uma restrição leve ao sono - especialmente se for feita de forma crônica - tem resultados negativos.

Cada pessoa reage de maneira diferente à privação do sono. A maioria das pessoas que estão constantemente privadas de sono pode não perceber os efeitos negativos, pois isso já se tornou uma rotina. No entanto, alguém acostumado a acordar bem descansado e a dormir sempre no mesmo horário sofrerá com qualquer alteração do seu padrão usual.

É importante que você se esforce para dormir de sete a nove horas todas as noites. Sim, sete a nove. Não seis, não cinco. Sete a nove. De acordo com a *American Academy of Sleep Medicine* (AASM), apenas uma pequena parcela da população, cerca de 2%, pode funcionar bem com menos do que a quantidade de sono geralmente recomendada sem experimentar efeitos negativos. No entanto, a maioria das pessoas precisa dormir pelo menos 7 horas para manter a saúde em bom estado.

Se você sente muita dificuldade de acordar pela manhã ou necessidade de compensar aos fins de semana, é possível que esteja dormindo insuficiente. Nesse contexto, muitas pessoas culpam a idade e os hormônios pela fadiga que sentem ao longo do dia, mas só precisam largar o celular e parar de ficar rolando as mídias sociais até a madrugada. A privação crônica de sono pode favorecer diversos problemas de saúde, incluindo obesidade, diabetes, doenças cardiovasculares e transtornos mentais, como depressão e ansiedade. Também pode prejudicar a atenção, a memória e aumentar o risco de acidentes.

Há uma solução quase mágica:
dormir o suficiente.

Seja qual for o seu objetivo – ter mais foco, mais disposição, aprender um assunto novo, ganhar mais músculos, emagrecer, o sono desempenha um papel essencial e deve ser uma das primeiras áreas a serem priorizadas.

Uma boa maneira de lidar com a rotina corrida, é tentar cochilar entre 20-30 minutos depois do almoço. Esta prática oferece diversos benefícios, incluindo o aumento do estado de alerta e melhor desempenho no aprendizado e na memória. Além de ajudar a reduzir o estresse.

Dormir suficiente beneficiará seu emagrecimento, crescimento muscular e sua performance. Estamos mais propensos a ingerir mais calorias quando estamos privados de sono e fazemos escolhas alimentares piores, o que afeta diretamente seus resultados. Além disso, a composição corporal e o sono insuficiente afetam profundamente nossa libido e desejo sexual. Ou seja, mais uma razão para melhorar seus hábitos noturnos.

Eu sei que muitos de vocês podem estar pensando: "Thor, você não tem filhos! O que é dormir? Isso é espanhol?" Pensando nisso, coloquei algumas maneiras de tirarmos melhor proveito desse momento de descanso. Implemente o que puder, onde puder, para uma melhor noite de sono para você e seus filhos.

COMO OTIMIZAR O SONO

- Se exponha a luz solar pela manhã. Isso ajuda a regular o ciclo de vigília e sono.
- Invista em um colchão adequado, travesseiros, um ventilador para manter o quarto arejado durante o verão e em instalar cortinas blackout para mantê-lo escuro.
- Evite cafeína até 6 horas antes de dormir. Mesmo que você não tenha problema para pegar no sono, isso atrapalha a qualidade do sono e a recuperação.
- Controle a exposição à luz e aos equipamentos eletrônicos algumas horas antes de dormir. Isso ajuda sinalizar o corpo para desacelerar.
- Gerencie o estresse. Praticar técnicas como respiração profunda, meditação ou escrever um diário, pode ajudar a acalmar a mente.
- Siga uma rotina. Se possível, acorde e durma nos mesmos horários.
- Mantenha uma higiene de sono. Evite trabalhar e estudar na cama.
- O álcool não ajuda dormir. O período que você passa na cama é apenas sedação.
- Trate questões subjacentes como apneia do sono e a ansiedade.

Como seres humanos, fomos feitos para andar.

Faça isso hoje à noite, se possível. Mesmo que isso signifique colocar este livro de lado agora. Estarei aqui para você amanhã. Agora, durma bem.

CAMINHAR

Aumentar seu número de passos diários é a maneira mais simples e acessível de elevar sua saúde física e mental. Andar é realmente importante para a sensação geral de bem-estar, além de ser uma forma de queimar algumas calorias extras.

É o que faço quando a vida fica pesada e tenho o desejo de me entorpecer ou me distrair com comida. É onde minha criatividade desperta e minhas melhores ideias surgem. É o que redefine meu humor quando estou ansioso. É o que me dá espaço quando preciso ficar sozinho. E o que me coloca no caminho quando me sinto desmotivado.

É uma das poucas coisas que recomendo que toda pessoa comece a priorizar. Como seres humanos, fomos feitos para andar. Foi assim que a humanidade alcançou todos os continentes habitáveis.

Para incorporar esta prática em sua rotina diária, considere substituir meios de transporte e elevadores por caminhadas sempre que possível. Se você costuma dirigir até a padaria ou ao mercado, tente ir a pé. Além disso, crie oportunidades para passeios regulares durante o dia, seja no intervalo do trabalho ou no final da tarde. Isso não só melhora a saúde física, mas também oferece momentos de reflexão e descontração.

Se você está tão acostumado a fazer atividades de alta intensidade que a ideia de caminhar parece chata, crie oportunidades para torná-la mais agradável. Encontre algum lugar interessante, aprecie a paisagem, ouça uma boa música ou aproveite para refletir. Prometo que, se você começar a caminhar mais, sua vida mudará para melhor.

EXERCÍCIO FÍSICO

O exercício físico é essencial não só para construir e manter músculos, mas também para otimizar o uso da gordura como fonte de energia e melhorar a capacidade física como um todo. No entanto, o processo do preparo físico vai além da vaidade e da performance. É sobre o que isso faz com a sua confiança, com a sua atitude e com o seu humor.

Quando minha mente estava no fundo do poço, o exercício físico foi meu refúgio e o que mostrou como apreciar meu corpo. Não apenas pela forma como ele se parece, mas pelo que ele pode fazer. Isso me deu oportunidade de ver as coisas por outra perspectiva. Literalmente, me salvou.

Seja com as corridas no quartel ou dentro da sala de musculação, o exercício físico me ensinou muitas lições. Aprendi a aceitar desafios, a fazer mesmo sem vontade e a suportar dores. A todo momento sua mente vai tentar te convencer a desistir. Ao não desistir, você desenvolve resistência mental. É uma forma voluntária de desconforto que torna as formas involuntárias mais fáceis de suportar.

É uma tendência que as pessoas que se exercitam regularmente tenham carreiras e relacionamentos mais bem-sucedidos, além de níveis mais altos de satisfação pessoal. Isso porque você testemunha a transformação em tempo real, a cada série, a cada repetição. Quando você termina, percebe que isso se aplica a todos os aspectos da vida.

O processo requer paciência e respeito próprio. Não é algo que pode ser comprado ou roubado. E a única forma de mantê-lo é por meio do trabalho constante. Isso ajuda a desenvolver uma mentalidade de crescimento. Aprendemos a aceitar desafios. Aprendemos que é necessário esforço para desenvolvermos novas habilidades. Aprendemos a apreciar o sucesso de outras pessoas que estão caminhando juntos. Muitos entram nessa sem nem perceber que estão crescendo muito mais do que seus músculos. Quando se dão conta, tornaram-se pessoas melhores.

TREINAR X MALHAR

O que quero esclarecer nesta parte do livro é a diferença entre treinar e malhar. Essas são minhas opiniões pessoais, portanto, não espere que um estudo apoie minhas divagações.

Para mim, malhar é fazer o que sente vontade, mas ainda é uma forma de se exercitar. Você pode malhar para melhorar sua saúde e seu bem-estar. Já o treino é ter uma meta e avançar em direção a ela com um plano de ação. As pessoas geralmente têm objetivos semelhantes – mas nem todas seguem um plano para alcançá-los. É isso que distingue as pessoas que atingem seus objetivos daquelas que não alcançam.

Sugiro que você defina uma meta com base no desempenho, porque realmente não acho que ter apenas metas de composição corporal seja saudável a longo prazo. Falo por experiência de alguém que se esforçou pelo físico de um fisiculturista.

Quando você começa a focar mais em ficar forte e mais resistente para se sentir no seu melhor, você acaba perdendo gordura, construindo músculo e realmente curtindo seu corpo. Isso me ajudou a perceber o quanto da minha vida eu poderia ter desperdiçado tentando me convencer que só seria feliz por conta da minha aparência. Quando na verdade eu posso ser feliz a qualquer momento. Uma vez que isso vem de respeitar e valorizar a si mesmo - e não de um número ou de uma forma.

Defina uma meta com base no desempenho. Não no resultado.

Os humanos precisam de um senso de propósito – é por isso que as religiões e outras crenças são tão populares. Mas quando se trata de treinar, sinto que precisamos ainda mais. Muitas vezes, não somos suficientemente motivados apenas pelos benefícios da saúde e precisamos avançar em direção a uma meta ou alguma forma de progresso.

Em oposição aos que estão apenas malhando, aqueles que estão treinando buscam melhorias na execução, aumento do número de repetições e da carga de trabalho. Quanto mais pesado treinamos, mais os ossos fortalecem, mais firme fica a pele, mais fácil de controlar o peso corporal, mais músculos são construídos e mais nos sentimos bem. O que ajuda muito nas tarefas diárias, enquanto diminui muito o risco de uma queda resultar em um quadril, perna ou braço quebrados.

Treinar é mais do que malhar. É um compromisso diário com o seu próprio desenvolvimento. É uma batalha entre você e a pessoa no espelho. É uma forma de crescimento pessoal por meio da disciplina. Nunca é tarde para começar. Você não precisa de uma barriga chapada ou zero celulites. Você só precisa se esforçar para ter a melhor versão do seu corpo. Um que seja exclusivamente seu.

A mensagem é clara: se você quer melhorar, precisa se mexer. Portanto, agende um horário inegociável para treinar e não deixe que nada interfira nesse tempo. Seu progresso começa quando você se coloca em prioridade.

ÁGUA

Quer parecer magicamente com a pele mais sedosa e músculos mais tonificados? Aumente seu consumo de água e mantenha essa ingestão consistente.

Mais de 60% do corpo humano é composto de água, o que significa que, basicamente, somos pepinos com ansiedade. A água desempenha um papel crucial em diversas reações bioquímicas, desde a digestão até o transporte de nutrientes e a regulação da temperatura corporal.

Sintomas como cansaço excessivo e dores de cabeça, podem muitas vezes ser atribuídos ao baixo consumo de água. Por mais contraintuitivo que pareça, quanto menos água tomamos, mais líquidos retemos. Além disso, beber água logo antes das refeições, pode ajudar a diminuir a fome e aumentar a saciedade. Manter uma garrafa de água por perto ao longo do dia pode servir como um lembrete constante para se hidratar, ajudando a evitar esses sintomas de desidratação.

Beba mais água. Seu cabelo, sua pele e seu corpo agradecem. De quebra, ainda aumenta o número de passos, já que você vai precisar ir ao banheiro toda hora.

NUTRIÇÃO

A nutrição é o que direciona os resultados. Mesmo em coma precisamos de nutrientes para continuarmos vivos. Sua saúde, seus músculos, sua imunidade e até sua capacidade de aprendizado dependem diretamente do que você come, digere e absorve.

A melhor maneira de garantir a saúde é fornecer ao corpo o que ele precisa para funcionar no seu melhor. Alimentos integrais, frutas e vegetais contêm vitaminas, minerais, fibras e antioxidantes que ajudam a proteger o corpo e permitem que ele funcione adequadamente.

Claro que você ainda pode funcionar sem tudo isso, por um tempo. No entanto, os problemas acabam se manifestando de outras formas: queda de cabelo, fadiga, falta de atenção, libido baixa, constipação, ansiedade, diabetes, depressão, doenças cardíacas e obesidade. Soa familiar?

Todas essas condições podem ser amplificadas ou amenizadas a partir de escolhas que fazemos e do modo que vivemos. O que, por sua vez, impacta nosso desenvolvimento pessoal em todas as áreas da vida.

> A suplementação pode substituir uma dieta ruim, o sedentarismo e poucas horas de sono? Não.
>
> A suplementação pode providenciar os mesmos nutrientes que você encontra nos alimentos? Também não.

Isso porque os alimentos incluem uma matriz de outros micronutrientes, polifenóis, enzimas e fitoquímicos que interagem entre si. Claro que existem situações em que a suplementação pode ser útil. Por exemplo:

- O ômega 3 pode ser necessário para gestantes e idosos.
- O whey pode ser uma opção conveniente para atingir sua necessidade diária.
- A creatina é difícil de se obter suficiente por meio da alimentação e a suplementação é válida.

Antes de iniciar qualquer suplementação, é recomendável consultar um nutricionista, que pode orientar de acordo com suas necessidades individuais. Enquanto isso, procure variar sua alimentação o máximo possível, enquanto minimiza o consumo de álcool, frituras e o excesso de açúcar refinado.

Muitos dos nossos problemas magicamente desaparecem após uma boa noite de sono, um dia de alimentação saudável e uma boa caminhada ao ar livre.

MUDANÇA

IMPLICA

RECONHECER

FALHAS

ϟ CAPÍTULO 7

UM NOVO PERSONAGEM

Olhe só para você. Realmente se esforçando para mudar sua vida para melhor. Estou orgulhoso. Continue. Meu único superpoder é revelar seu verdadeiro poder, que é definir quem você quer ser.

Não se envergonhe da sua situação atual. A maioria das pessoas está maquiando os mesmos problemas com filtros e sorrisos. Nada impede você de criar um novo personagem. Você ainda será a mesma pessoa, apenas com uma forma diferente de pensar, uma nova maneira de jogar. A vida muda quando nós mudamos. "Seja você mesmo" só é um bom conselho se você tiver a vida resolvida. Resolva sua vida em primeiro lugar.

Crescimento real exige que aceitemos que, em algum momento, estávamos errados sobre algo. Mudança implica reconhecer falhas em crenças antigas, o que muitas vezes exige abrir mão de identidades que sustentamos por anos. Essa desconstrução é dolorosa, mas necessária para evoluir. Crescer envolve desapegar-se de convicções que já não servem ao nosso propósito e permitir que novas verdades ocupem seu lugar.

> "PARA TER ALGO QUE VOCÊ NUNCA TEVE, VOCÊ PRECISA SE TORNAR ALGUÉM QUE VOCÊ NUNCA FOI",
>
> JIM ROHN

A vida é um jogo social. E quanto melhor forem suas habilidades sociais, mais fácil de vencer. Seja para conseguirmos um emprego ou um relacionamento, precisamos de habilidades sociais em todo lugar.

Caso você tenha uma personalidade mais introvertida, não se preocupe. Eu sou muito introvertido. Costumava dizer coisas como "não sou bom com pessoas", mas estou aqui para dizer que você pode prosperar. Você apenas precisa fazer isso do "jeito introvertido".

Se você se identifica com essa descrição, fiz este guia para você. Tenho certeza de que encontrará dicas valiosas e uma boa dose de sarcasmo ao longo do caminho.

Lembrando que essa classificação serve apenas para nos ajudar a entender melhor a nós mesmos e como nos relacionar com os outros. A maioria das pessoas tem uma mistura de traços introvertidos e extrovertidos – é por isso que um rótulo não determina a personalidade de ninguém. É tudo um espectro de personalidade.

O GUIA DO INTROVERTIDO DAS GALÁXIAS

- Você evita contato visual com pessoas tagarelas?
- Você se arrepende dos planos que fez quando estava em um estado de humor mais extrovertido?
- Depois de socializar você pensa: "já posso ficar sozinho pelos próximos quinze dias"?

Saiba que não há nada de errado com você. Ser introvertido significa apenas que nosso cérebro processa informações de forma mais intensa, o que pode nos deixar exaustos em situações sociais.

Os extrovertidos se dão bem em festas, eventos e fazem amigos rapidamente. Mas essa é a nossa fraqueza. Não tente copiá-los. Extrovertidos têm o processamento das informações do ambiente diminuído. Todo mundo tem aquele amigo muito extrovertido que, quando perguntamos, "você viu aquilo?", geralmente responde "quê?" "onde?". Eles nunca percebem nada ao redor. Isso permite que aproveitem o ambiente com mais leveza, afinal, é disso que eles precisam. Do contrário, ficam entediados.

Enquanto isso, muitas pessoas pensam que introvertidos são antipáticos, quando na realidade só estamos prestando atenção ou mentalmente exaustos demais para interagir. Já ouviu a frase "pessoas quietas têm as mentes mais barulhentas"? É justamente por conta dessa percepção aguçada que temos maior facilidade em fazer conexões mais profundas individualmente.

Quando estou em uma conversa, mostro interesse nas histórias, faço perguntas, sinto empatia pelas dores e conquistas. Isso me ajuda a construir conexões mais fortes e superar "extrovertidos" o tempo todo. O que também se aplica ao meu trabalho. A maioria das minhas conversas acontece individualmente por meio do direct. Isso me ajuda a construir um relacionamento mais forte com meu público e a fornecer o conteúdo que eles realmente precisam.

O PODER DOS INTROVERTIDOS

Existem muitos introvertidos famosos, desde Einstein até Michael Jordan. Entre os superpoderes do introvertido está sua capacidade de praticar sozinho, ser mais pensativo e autoconsciente.

O segredo é ser socialmente corajoso.

Introvertidos não são envergonhados. São observadores. Introvertidos não são antissociais. Muitas vezes, apenas não fingimos gostar de todo mundo. Preferimos a própria companhia a interações sociais forçadas. Falar toda hora nos aborrece. O que não significa que não gostamos de conversar. Eu gosto de conversar, conhecer outras pessoas, aprender sobre suas paixões e me conectar por meio de afinidades, mas não quando isso é imposto. Pessoas quietas são tagarelas perto das pessoas certas. E, mesmo quietos, ainda somos mais abertos e amigáveis do que a maioria. Apenas não gostamos de fofocas e opiniões rasas. O que parece constituir a maioria das conversas. Não sentimos nenhuma obrigação em sermos convenientes. Protegemos nosso espaço, nosso tempo e nossa mente.

No entanto, como diz o ditado: "boca fechada não se alimenta". Por isso, é útil ter algumas estratégias para prosperar como introvertido.

MUDANDO A CHAVE

Conheço introvertidos que se tornam grandes comunicadores quando o momento exige. O segredo para isso é ser socialmente corajoso em momentos determinantes. Mesmo o mais reservado dos introvertidos pode aprender a mudar a chave para o "modo extrovertido" durante uma apresentação, um encontro ou qualquer outra situação em que se beneficie por ser mais social. Essa virada de chave requer prática e tem uma duração curta e finita.

Mas é uma maneira de sentir menos estresse e fazer o que precisa ser feito.

Tenha em mente que, quanto mais disposto você estiver para se colocar em situações desconfortáveis, mais rápido você se torna socialmente inteligente. Ou seja, saber ler e se adaptar ao ambiente enquanto constrói conexões genuínas. Nada é mais importante do que a prática para desenvolver suas habilidades. Não há atalhos. Após esse período, leve o tempo necessário para recarregar.

Muito da nossa vergonha e da nossa ansiedade social vem de quanto superestimamos o que os outros pensam de nós. O efeito holofote é um viés cognitivo que nos faz acreditar que os outros estão pensando em nós tanto quanto nós pensamos sobre nós mesmos. Quando na verdade as pessoas estão individualmente pensando nelas mesmas e preocupadas com o que os outros estão pensando. A vaidade é a fonte de toda vergonha. A humildade é o único antídoto para se livrar dela.

Leva tempo para entender que ninguém realmente se importa com o que você está fazendo. Você pode sair na rua vestido com uma fantasia de galinha. As pessoas vão rir por três segundos e logo em seguida voltarão a atenção para o celular. Da mesma maneira, ninguém liga se você está cansado, desmotivado, inseguro ou com medo. Essa não é uma realidade cruel, é um alívio. Significa que você pode fazer o que quiser.

JOGO DE APARÊNCIAS

Nós somos realmente bons em nos julgar. Bom demais, de fato. Somos nossos próprios piores críticos. Nos colocamos sob um microscópio todos os dias e ampliamos nossas falhas mais do que qualquer outra pessoa jamais poderia.

Muitos de nós temos vergonha de parecer confiantes. Nos sentimos egoístas, arrogantes, pretensiosos, fúteis. Mas não há nada errado em pensar que você parece bem, especialmente se você é alguém que está sempre se criticando. Afinal, como você vai lutar por você se ainda luta contra?

Você não precisa andar por aí como se fosse o humano perfeito, mas pode andar com confiança e exibir o que tem. Permita-se sentir bem por isso pela primeira vez. É muito saudável. Vista aquela roupa que você gosta. Flexione o bíceps. Tire uma selfie. Sorria. A vida já é difícil o suficiente. Você não precisa ser tão rígido consigo mesmo o tempo todo.

Se a vida é um jogo, a autoconfiança é o código secreto. Como você se porta muda a maneira com que o mundo te percebe. Isso não significa pensar que você é melhor que todo mundo. É não precisar se comparar com os outros, em primeiro lugar.

Mantenha a postura. Esse gesto fortalece a mensagem que você quer transmitir. Aprenda a olhar nos olhos quando estiver conversando. Caso sinta muita vergonha, olhe entre os dois olhos, a pessoa

Somos nossos piores críticos.

não irá perceber, mas ainda manterá o contato visual. A comunicação começa antes mesmo de abrirmos a boca.

Sua aparência é parte da sua habilidade social. Quanto mais você se cuida, menos habilidoso você precisa ser. Suas chances de sucesso nos negócios e nos relacionamentos aumentam à medida que você se coloca como prioridade. Empresas americanas buscam vendedores com certo porte e altura, pois sabem que isso aumenta as chances de venda.

Isso é conhecido como Efeito *Halo*: um viés cognitivo em que uma característica positiva de uma pessoa influencia a percepção que temos de outras características dessa mesma pessoa. Por exemplo, se achamos que alguém é simpático e atraente, tendemos a acreditar que essa pessoa também é competente e confiável, mesmo sem evidências concretas para apoiar essas qualidades. Esse viés pode afetar nossas decisões de maneira significativa, tanto em contextos pessoais quanto profissionais.

Portanto, treine, coma, durma, beba água e pegue sol. Seu corpo é uma manifestação do seu estilo de vida. Não deixe que suas inseguranças impeçam você. Tenha um pouco de fé si mesmo.

SABER OUVIR

Quando estiver conversando com outra pessoa, preocupe-se mais em ser interessado do que interessante. Faça perguntas abertas, lembre-se dos pequenos detalhes e os mencione posteriormente. Quando alguém começar a contar sobre as próprias conquistas, não comece a falar das suas. Em vez disso, mostre interesse e faça mais perguntas. Muito dessa habilidade tem relação com aprender a controlar seus instintos. Se você souber prover a validação e o apreço que as pessoas desejam, você sempre habitará no coração delas.

Em *Como fazer amigos e influenciar pessoas*, Dale Carnegie também enfatiza a importância de nos esforçarmos para ver as coisas sob o ponto de vista do outro, buscando entender suas motivações e preocupações. Ao fazer as pessoas se sentirem verdadeiramente importantes, você não só constrói relacionamentos sólidos, mas também ganha a confiança e a lealdade daqueles ao seu redor.

DESENVOLVENDO UMA AURA DIFERENCIADA

Mas isso não é tudo. Se você aprende a contar histórias, não precisa mais se preocupar com habilidades sociais. Com as palavras certas, você ganha as pessoas, o amor e o mundo. O segredo está na maneira com que você articula a mensagem que deseja transmitir. É você quem dita o ritmo.

O ingrediente mais importante de uma boa história é aquele que todos evitam. Não é a estrutura da história. Não é ter uma vida interessante. Não é fazer acontecer. É ser honesto sobre você mesmo.

Tenha coragem de tentar coisas que nunca tentou. Viaje, prove uma comida nova. É isso que faz uma boa história.

> "A VIDA SE EXPANDE
> OU SE ENCOLHE DE ACORDO
> COM A NOSSA CORAGEM."
>
> ANAÏS NIN

É crucial caminhar com pessoas que estão buscando fazer mais, para que você possa aprender. Mas toda pessoa deve desenvolver a habilidade de enfrentar os desafios da vida quando não tiver ninguém por perto. A única pessoa que vai estar com você todo o tempo é você mesmo. É assim que se cria uma aura diferenciada.

Quando você fala, as pessoas ouvem. E como você tende a pensar com cuidado antes de usar as palavras, as pessoas levam mais a sério. Por isso, nunca sinta obrigação em fazer comentários descartáveis para agradar os outros. Fale quando tiver algo a ser dito. O poder do silêncio é contagiante.

Lembre-se que ser introvertido em um mundo extrovertido não é uma desvantagem, é apenas uma maneira diferente de ser. Ao compreender e abraçar sua natureza introvertida, você pode usá-la a seu favor.

SÍNDROME DO IMPOSTOR

Todos nós, em algum momento, experimentaremos alguma forma de sucesso. Vale a pena mencionar que às vezes podemos considerar nosso sucesso insignificante quando comparamos nossa vida com a dos outros nas mídias sociais. Mas quando experimentamos alguma oportunidade, podemos ficar nos sentindo um pouco impostores.

Até meus 24 anos, eu me achava muito incapaz. Nunca participava de conversas e nunca compartilhava minhas opiniões. Outras pessoas pareciam tão inteligentes e confiantes. Eu tinha medo de me expor. No entanto, com o passar dos anos, aprendi que a capacidade não tinha nada a ver com o quão bom alguém aparenta ser. Na verdade, quanto mais tentam parecer bons, menos capazes costumam ser.

O filósofo Bertrand Russell uma vez disse que o problema do mundo é que os tolos e fanáticos têm absoluta certeza de si mesmos, enquanto as pessoas mais sábias estão cheias de dúvidas. Esse pensamento descreve perfeitamente o que conhecemos hoje como o efeito *Dunning-Kruger*, que se refere à tendência de pessoas incompetentes superestimarem suas habilidades, enquanto pessoas competentes subestimam as próprias.

O que faz todo o sentido. Pois quando começamos a aprender algo novo, não sabemos "o que não sabemos", portanto, não temos como medir o quão ruins nós realmente somos. Isso me fez perceber

O verdadeiro conhecimento traz humildade.

que, à medida que adquiria mais experiência, perdia a confiança porque percebia o quão pouco sabia. Isso explica por que tantas pessoas inteligentes lutam contra a síndrome do impostor, já que o verdadeiro conhecimento traz humildade, pois o indivíduo se torna consciente de suas próprias limitações.

Para mim, isso foi mais prevalente quando eu comecei no Instagram. Mal sabia eu que seria apenas o começo de uma longa jornada. Eu quase mantive esse assunto totalmente fora do livro, mas achei necessário.

Então, o que exatamente é isso? O termo "síndrome do impostor" refere-se a um padrão de comportamento em que as pessoas duvidam de suas próprias realizações e tem um medo internalizado de ser exposto como uma fraude. Mas como isso é algo com que todos lidam, não acho possível erradicar essa noção.

Não tenho certeza se a síndrome do impostor existe para nos proteger, talvez nos mantenha vivendo dentro de certas limitações que acreditamos sobre nós mesmos, mas é algo que precisamos gerenciar para seguir em frente. Sempre que você se sentir desconfortável, lembre-se que é normal se sentir assim.

Existem pessoas que pensam que sabem muito, mas não sabem merda nenhuma. E pessoas que acreditam que não sabem nada, mas que de fato sabem muito. Então, se mesmo se dedicando você acha que não é bom o suficiente, isso é um ótimo sinal. Porque significa que você sabe mais do que acredita que sabe.

CONSTRUINDO UMA PRESENÇA AUTÊNTICA

Ser autêntico é fundamental para construir uma forte presença, especialmente para os introvertidos. Dez anos atrás, eu provavelmente teria dito: "Eu sou a pessoa mais autêntica que você já conheceu". Eu realmente acreditava que era, pois costumava dizer "não dou a mínima para o que as pessoas pensam de mim" e as ofendia dando minhas "opiniões sinceras". Queria parecer legal. Levei anos para perceber que esses eram apenas mecanismos de defesa.

Eu realmente me importo com o que as pessoas pensam de mim e não precisava ser um idiota para ser honesto. Ao longo dos anos, aprendi que as pessoas mais autênticas não tentam provar que são autênticas. É fácil dizer que não nos importamos com nada quando as apostas são baixas, mas é muito mais difícil quando tudo está em jogo.

Embora eu tenha me tornado mais autoconsciente ao longo dos anos, a autenticidade ainda é um trabalho em andamento. Tem dias que me pego pensando "o que acabei de postar foi muito falso". Mas, a meu ver, não tem nada mais autêntico do que alguém que realmente curte o que faz, sem querer parecer descolado por isso.

Autenticidade significa ser fiel aos seus valores. Saber ouvir seu público sem deixar que eles controlem suas ações. Até porque, não importa o que você faça, vão te julgar. Assim como eu recebo mensagens de pessoas dizendo que vão deixar de me seguir porque falo muita merda, também recebo muitas mensagens agradecendo e pedindo para que eu nunca pare.

De fato, eu não escrevi este livro para as milhares de pessoas que não gostam do meu conteúdo. Eu fiz para você que pensou: "precisava ler isso hoje". Por isso, não pare de se tornar a pessoa que você quer ser. Você merece esse comprometimento.

NOSSO CÉREBRO
É UMA MÁQUINA
DE RESOLVER
PROBLEMAS

CAPÍTULO 8

MENTE

Em um universo repleto de incertezas e obstáculos, a maneira como interpretamos essas experiências é determinante para o nosso sucesso ou fracasso. A jornada para uma vida mais significativa começa com a escolha de como pensamos e reagimos às circunstâncias que nos cercam. Nosso cérebro é uma máquina de resolver problemas. Não temos como desligar. Caso não tenhamos problemas para solucionar, nossa cabeça os criará por nós.

O sentimento de realização pessoal ocorre enquanto estamos construindo. Seja o físico, a mente, um negócio, um relacionamento. Procure ser um construtor, não um consumidor. Se você está consumindo mais do que produzindo, é hora de se perguntar por quê. Com a mentalidade certa, você transforma sonhos em ação.

Fazer é melhor do que falar. Buscar é melhor do que desejar. Aprender é melhor do que desistir. O jogo se ganha jogando, não reclamando das regras.

DESENVOLVENDO UMA MENTALIDADE DE CRESCIMENTO

Não podemos controlar o vento, apenas ajustar as velas. Culpar os outros pelos nossos problemas os coloca no controle da nossa vida. Portanto, responsabilize-se se quiser ver sua situação atual mudar de direção.

Você só vai começar a criar uma vida melhor quando começar acreditar que merece uma. A verdade é que não importa quem você é ou de onde veio. Você é capaz de muito mais do que acredita. Fisicamente, intelectualmente, financeiramente e emocionalmente.

Como nos mostra Carol S. Dweck em seu livro *Mindset: A nova psicologia do sucesso*, as pessoas acreditam que sua inteligência ou talento são características fixas que levam ao sucesso sem esforço. Quando, na realidade, esse é apenas o ponto de partida. É a dedicação e o comprometimento que, em última instância, levam mais longe.

Desenvolver uma mentalidade de crescimento significa ver toda dificuldade como um desafio. Todo desafio como uma lição. Toda lição como uma forma de aprimorar. E toda forma de aprimorar como um passo mais próximo do que você quer. Essa forma de enxergar irá melhorar todos os aspectos da sua vida.

Se você não confia em si mesmo, nunca vai se comprometer totalmente. E enquanto você não se comprometer, não terá sucesso no que almeja para sua vida. Nosso subconsciente está sempre observando nosso comportamento. Quando nossas ações não estão alinhadas com a nossa palavra, perdemos a confiança a longo prazo. A dúvida gera arrependimento. O arrependimento destrói a confiança. A falta de confiança cria a dúvida. Um ciclo vicioso que só você pode quebrar.

Para isso, siga mais a sua curiosidade do que o seu medo. Quando você se interessa, você repete. Quando repete, desenvolve prática. Com a prática, vem a confiança. Confiança não é uma certeza do sucesso. Confiança é estar confortável em errar e continuar tentando. Quando somos crianças aprendemos a andar porque temos mais curiosidade em ficar de pé do que medo de cair.

Essa autoconfiança deve ser construída com base em evidências. Cada repetição é um reforço: "talvez esse seja quem eu sou". À medida que acumulamos provas de que somos capazes, nos sentimos mais confiantes. Nunca o contrário. Se você cria confiança de fora para dentro, com base em elogios, vai se quebrar perante as críticas. Quando levamos elogios a sério, fragilizamos o ego.

Isso acontece porque, como adultos, exibimos uma tendência a focar mais em informações negativas do que em positivas, conhecido na psicologia evolutiva como viés da negatividade. O que significa que, se recebermos centenas de comentários e apenas um for ruim, esse único comentário pode ocupar nossa mente por todo o dia.

Quando estamos tentando melhorar nossa vida, podemos receber muitos elogios, mas basta um comentário negativo para nos desanimar e acreditarmos que é verdade. Argumenta-se que esse viés tem funções adaptativas críticas, permitindo detecção rápida de perigos e tomadas de decisões mais seguras.

Não é engraçado como podemos nos conhecer melhor do que qualquer outra pessoa, mas ainda assim ficamos remoendo as palavras de alguém que não viveu nem 1% da nossa vida? Não deixe que seu ego te arruíne. Quanto mais fácil de provocar, mais fácil de controlar. Afinal, se um idiota consegue tirar sua paciência, quem é o verdadeiro idiota?

> "CUIDADO COM SEUS PENSAMENTOS, POIS ELES SE TORNAM PALAVRAS. CUIDADO COM SUAS PALAVRAS, POIS ELAS SE TORNAM AÇÕES. CUIDADO COM SUAS AÇÕES, POIS ELAS SE TORNAM HÁBITOS. CUIDADO COM SEUS HÁBITOS, POIS ELES MOLDAM O SEU DESTINO",
>
> LAO TZU

Não deixe que os elogios subam à cabeça, nem que as críticas cheguem ao coração. Treine a si mesmo para ouvir sem se confundir. O objetivo não é tentar controlar a maneira como nos sentimos. O objetivo é mover-se de uma emoção para a próxima, passando mais tempo em algumas do que em outras.

Quando nos damos conta de que as emoções não são permanentes, assim como tudo nesse universo, fica mais fácil aceitar o fluxo das coisas. Ao saber como as coisas funcionam, em vez de como gostaríamos que funcionassem, podemos nos preparar e garantir que isso não atrapalhe nosso caminho.

O DUPLO IMPACTO DOS OBSTÁCULOS

Como o Budismo ensina: "A dor é inevitável, o sofrimento é opcional." É o significado que damos aos problemas o que realmente nos faz sofrer. As circunstâncias externas só nos afetam quando nossas convicções internas permitem.

Todo obstáculo que surgir irá nos atingir duas vezes. O primeiro impacto é causado pelo que realmente aconteceu e pelo resultado. O segundo impacto ocorre em nossa mente, com a maneira que interpretamos a situação.

Podemos ficar perpetuamente presos em pensamentos como: "É muito difícil", "Por que eu?", "Não é justo", "Eu não mereço isso", "A vida é uma droga". Ou podemos decidir aprender com o que aconteceu e usar essa experiência a nosso favor.

Nossa vida é o que escolhemos enxergar.

De tempos em tempos, questione a história que você conta a si mesmo e aos outros sobre quem você é. A maneira que você aprendeu a sobreviver talvez não seja a maneira que você gostaria de viver. Você não é seu emprego, seus títulos, nem seu shape. Você é o que você come, o que você fala, o que você assiste, o que você pensa e o que você faz quando ninguém está vendo. Se você não for intencional em criar seu futuro, sua mente vai recriar o que você costumava viver no passado.

Nosso cérebro constrói a realidade com base no que estamos prestando atenção. Assim como você só percebeu sua roupa tocando a pele agora que eu mencionei, nossa vida é o que escolhemos enxergar. Se você repara tudo que falta, o que deu errado e mantém o foco nas pessoas que não amam você – sua vida se esgota. Se você escolhe contar suas bençãos, encontrar prazer nas pequenas coisas e se compromete a ser grato - sua vida preenche.

A LINGUAGEM COMO FERRAMENTA DE MUDANÇA

A maneira como usamos a linguagem para nos referir às nossas emoções perpetua a maneira como nos sentimos. Por exemplo, quando alguém diz "eu sou muito ansioso", essa afirmação reforça uma sensação constante de ansiedade. Da mesma forma, expressões como "eu sou péssimo nisso" ou "nunca vou conseguir" perpetuam sentimentos de incapacidade e fracasso. Por outro lado, mudar a linguagem para algo como "estou me esforçando para melhorar" ou "hoje foi difícil, mas estou aprendendo", pode ajudar a reforçar uma mentalidade mais construtiva.

Nossos pensamentos são sementes da nossa atitude. Assim como uma pessoa com um corpo fraco pode torná-lo forte ao treinar pacientemente, uma pessoa com a mente fraca pode fortalecê-la ao treinar sua forma de pensar. Para isso, pratique observar essa conversa interna negativa. Desafie e questione esses pensamentos.

- **Em vez de:** por que isso está acontecendo?
- **Tente:** o que isso está me ensinando?
- **Em vez de:** não tenho tempo.
- **Tente:** vou priorizar o que é importante.
- **Em vez de:** eu faço tudo errado.
- **Tente:** eu ainda não aprendi suficiente.
- **Em vez de:** por que as pessoas me decepcionam?
- **Tente:** por que eu crio tanta expectativa dos outros?

Nunca sinta pena de si mesmo. Uma mentalidade de crescimento transforma desafios em oportunidades e fracassos em lições. Sim, a vida sempre nos dá exatamente o aprendizado que precisamos. Isso inclui cada mosquito, cada congestionamento, cada chefe pau no cu, cada doença, cada perda, cada momento de alegria ou depressão, cada vício, cada respiração. As coisas nem sempre acontecem para o melhor, mas sempre podemos tirar o melhor das coisas que acontecem. Cada momento é um professor. Eu sei que não é fácil ver a vida sempre dessa maneira, mas sempre existe essa opção.

Não podemos poupar as pessoas das lições que elas precisam aprender. Algumas precisam falhar várias e várias vezes antes de conseguir. Por isso, salve a si mesmo. Faça com que sua vida seja uma demonstração do que é possível. Às vezes, precisamos parar com aquilo que achamos divertido e fazer a coisa certa. Alguns meses de foco mudam sua vida para sempre.

A TRISTEZA COMO PARTE DA FELICIDADE

Uma vida significativa não quer dizer satisfazer todos os seus desejos ou atingir todos os seus objetivos. É ser capaz de apreciar o momento presente, sem estar constantemente desejando outra coisa. É a paz que vem de aceitar a mudança.

Todas as emoções – raiva, tristeza, ansiedade – são parte natural da experiência humana. O que define se elas são boas ou ruins é como reagimos a elas. Algumas pessoas lidam bem com algumas delas, enquanto outras não.

Perceba que você não é o que se passa na sua cabeça. Você é a consciência que decide o que fazer com o que se passa. Os pensamentos surgem e desaparecem, muitas vezes de forma inesperada. A diferença está na atenção que damos a alguns deles, geralmente aqueles carregados de emoções como medo, raiva e inveja. Você não precisa acreditar em tudo o que pensa. A habilidade de diferenciar aquilo que te impulsiona daquilo que te atrasa é o segredo.

Só porque você ruminou alguns pensamentos negativos não significa que seu dia foi ruim. Constantemente, teremos que lutar contra essas questões. A maioria das pessoas fica deprimida em algum momento de suas vidas. A maioria das pessoas leva um fora em algum momento e luta para superar um ex. A maioria das pessoas se sente insegura sobre questões sexuais e o próprio corpo em algum momento. Todo mundo tem problemas familiares. Muitas pessoas crescem em situações de abuso. Toneladas de pessoas têm baixa autoestima e problemas de dependência. Quase todo mundo gostaria de ter mais sucesso e estar mais motivado.

Buscar a felicidade diretamente pode nos levar à ruína, assim como olhar diretamente para o Sol pode nos cegar. No entanto, quando paramos para apreciar ao nosso redor, percebemos toda a energia, o calor e a luz.

Aprender a aceitar nossas dores é parte importante de uma vida realizada. A tristeza não é o oposto da felicidade, é parte dela. Nosso objetivo deve ser aprender controlar nossas reações, não suprimir nossas emoções.

**A tristeza não é
o oposto da felicidade,
é parte dela.**

As reações são consequências do que nossa mente experimentou no passado; são os padrões que surgem do subconsciente como forma de nos proteger. Essa forma de defesa não é baseada na sabedoria, mas na sobrevivência. E quando começamos a expandir nossa autoconsciência, passamos a enxergar que temos opções mais efetivas do que simplesmente repetir comportamentos cegos, que geralmente atrasam nosso processo.

Em vez de beber para esquecer, festar para esquecer, dormir para esquecer, comer para esquecer, transar para esquecer, fugir para esquecer; lide com isso. Distração da tristeza não é ser feliz. Você nunca terá paz em um lugar ao qual não pertence. Por isso é importante manter-se firme nas decisões que você sabe serem necessárias, mesmo com todo o luto que as acompanham. Sentir suas emoções é o que permite controlar suas reações.

Eu já dancei essa dança. No passado, usei a distração para lidar com a minha insatisfação: álcool, drogas, festas, aplicativos de relacionamento. Fiquei distante e entorpecido. Achava que era durão, mas a verdade é que eu estava com medo.

Para ser honesto, nunca estive totalmente disposto a sentir o luto e a tristeza. Lembro de ter deitado na cama sozinho e pensado: "Sinta isso e não fuja." Sei que abrir o coração pode parecer impossível quando você se sente perdido. Mas o fato é que o tempo por si só não resolve. A dor, o trauma e os pensamentos intrusivos vão continuar perturbando sua mente, impactando suas emoções e seu comportamento, até que você se volte para dentro. O que cura é aprender a deixar ir, ter autoconsciência e construir novos hábitos.

Isso não significa apagar a memória ou esquecer o passado. Significa deixar de reagir às coisas que nos fazem sentir aprisionados a um certo pensamento. Isso exige autopercepção, intenção prática e tempo. Deixar ir é o ato de se conhecer tão bem que suas desilusões caem por terra.

A FORJA DA ADVERSIDADE

Não tema a dor da vida, nem tema enfrentar a verdade. Quem teme o sofrimento já está sofrendo pelos seus próprios pensamentos. Nada nos mata mais rápido do que a própria mente.

O fraco apanha e desiste de lutar; o forte apanha e revida ainda mais forte. Se algo que você teme é, no fundo, algo que sabe que te beneficiará, essa é uma forte indicação de que vale a pena enfrentar esse medo. O passo mais difícil de enfrentar é que tem o maior poder de transformar. Como adultos, fomos feitos para resistir, construir, pensar e superar.

> "CORAGEM É A RESISTÊNCIA AO MEDO, DOMÍNIO DO MEDO, NÃO A AUSÊNCIA DO MEDO."
>
> MARK TWAIN

PENSAR DEMAIS: UM DOS HÁBITOS MAIS DESTRUTIVOS

Pensamos demais no passado, no futuro, na carreira, nos relacionamentos e nas decisões. Quando pensamos demais preenchemos o espaço desconhecido com uma suposição paralisante e criamos problemas que não são reais. Somos engolidos pelo "e se" e os piores cenários. "E se eu reprovar?", "E se eu mudar de ideia?", "E se rirem de mim?". Quando entramos nesse luto voluntário, estamos escolhendo arruinar nosso estado de paz. Em vez disso, escolha viver um dia de cada vez. Permita que as experiências aconteçam. Raramente a falha é tão ruim quanto tememos. Nem o sucesso é tão bom quanto imaginamos.

Paramos de pensar demais quando percebemos que a vida não acontece conforme o planejado. Entender isso nos ajuda a evitar tirarmos conclusões precipitadas e criarmos histórias inventadas em nossas cabeças. Nenhuma ansiedade impede o futuro e nenhum arrependimento muda o passado. Foque no momento presente. Seja paciente e mais consciente sobre o que está sentindo.

Não podemos forçar o mar a se acalmar durante a tempestade. Temos que deixar que ele volte ao ritmo usual. Isso também vale para suas emoções. Aceite a imperfeição, a incerteza e o incontrolável.

Perceba que o que você sente não é um comando. Você pode estar irritado e não ser agressivo, estar com fome e não comer o que não deve, estar frustrado e não descontar em outras pessoas. O passado pode explicar nossos problemas, mas não é uma desculpa. O tempo gasto apontando o dedo, é energia desperdiçada que poderia estar sendo usada para fazer algo por você.

O progresso começa quando o antigo padrão acaba. Sei que isso pode ser doloroso e assustador, mas é a única maneira de crescer. Portanto, não deixe que os dias ruins e as conversas internas impeçam você. Principalmente se hoje for um desses dias. Você está prestes a superar tudo que vem lidando há tanto tempo. Sua mente e alma estarão em paz novamente.

CADA

CONEXÃO

DEFINE NOSSA

JORNADA

CAPÍTULO 9

RELACIONAMENTOS

Desde o momento em que nascemos, somos parte de uma rede de interações humanas, onde cada conexão que fazemos define nossa jornada. Nossos relacionamentos refletem nossas escolhas diárias, nossa maneira de pensar e, acima de tudo, a relação que temos com nós mesmos.

INTERAÇÕES QUE ENRIQUECEM

Manter contato com pessoas que tenham interesses semelhantes é o que possibilita adquirir novas perspectivas e expandir seu conhecimento. Antes de querer ser uma autoridade, seja um bom amigo. Sigam o caminho juntos.

Durante a minha jornada, pessoas como Dudu Haluch e Deborah Moss foram essenciais para o meu crescimento. Ao buscar interagir com quem faz mais do que eu, ganhei novas perspectivas e expandi meu conhecimento de maneiras inimagináveis. A presença deles não só enriqueceu minha trajetória, mas também fortaleceu meu compromisso em ser uma pessoa melhor em outros aspectos da vida.

Além de todo conhecimento em nutrição que eu adquiri com o Dudu, foi ele quem me incentivou a começar nas redes sociais. Essa confiança não apenas me motivou a iniciar, mas também me mostrou como nossas interações são capazes de gerar epifanias que nos permitem alcançar lugares antes inimagináveis.

É importante estar com pessoas que tragam o seu melhor enquanto busca ser um reflexo daquilo que você espera receber. Pessoas que entendam sua linguagem para que você não precise passar a vida toda traduzindo sua alma. Você vai viver. Você vai errar. E mesmo assim as pessoas certas vão te amar. Diga quanto elas são importantes, não por medo. Mas porque elas estão aqui agora e vale a pena ser dito.

A CONSTRUÇÃO DO AMOR-PRÓPRIO

Nossos relacionamentos ditam a qualidade dos nossos pensamentos. Isso porque sentimentos são tão contagiosos quanto doenças. Negatividade. Infelicidade. Medo. Mas também o otimismo, a coragem e o amor. Por isso, para o seu bem, é necessário evitar pessoas invejosas, azaradas e que reclamam mais do que constroem. Pessoas assim frequentemente causam sua própria desgraça e podem arrastar outras pessoas para o desastre também. Podemos pensar que estamos ajudando alguém que se afoga, mas sem o preparo adequado, muitas vezes acabamos nos afogando junto. A base de qualquer relacionamento saudável começa com o amor-próprio.

"Ótimo. Obrigado. E agora?", você pode estar pensando. A parte de amar a si mesmo é ser realista o suficiente para entender que haverá momentos em que você ficará desapontado, inseguro e com raiva de si. Amor-próprio não significa sentir orgulho e satisfação ininterrupta de quem você é; significa buscar fazer o seu melhor, tratar-se com respeito enquanto trabalha consistentemente para se tornar uma pessoa melhor, da qual você possa se orgulhar sempre que possível.

Em muitos aspectos, a disciplina se assemelha ao amor-próprio. Assim como ser disciplinado é escolher ativamente seu futuro ao dizer não para as tentações e oportunidades que não se alinham com o que você quer para o seu futuro. Parte de amar a si mesmo é dizer não para aquilo que não se alinha com o que é importante para você. Ao mesmo tempo que prioriza tudo aquilo que serve e nutre o seu crescimento.

Portanto, durante essa jornada, fique bem em decepcionar pessoas. Principalmente se você precisa cuidar do seu corpo e da sua mente. Se cuidar de você mesmo deixa alguém triste, deixe alguém triste. Assim como nos aviões, precisamos sempre colocar a máscara de oxigênio primeiro em nós. Isso permite que tenhamos mais oportunidades de ajudar as pessoas ao nosso redor.

Muitas pessoas confundem colocar-se em prioridade com tirar vantagem pessoal de tudo, mas tem muito mais a ver com respeito próprio. Quando você se coloca em prioridade, você se sente melhor, aparenta melhor e atrai coisas melhores. Só podemos fornecer aquilo que temos. Por isso, nunca se desculpe por fazer algo bom para você, mesmo que seja estranho para os outros. Você, sua saúde física e mental é mais importantes do que a sua carreira, a opinião e as expectativas dos demais.

Somente quando cultivamos um relacionamento saudável conosco podemos estabelecer um padrão de como esperamos ser tratados. Quanto mais você ama a si mesmo, mais aprende a diferenciar quem lhe ama. Quem ama estar perto de você. E quem ama o que você pode fazer por elas.

Tentar controlar a percepção dos outros sobre você é uma guerra perdida. Até porque isso depende do estado emocional do observador. Não tente agradar todo mundo. Você não vai. Nem você gosta de todo mundo. Você só precisa agradar duas pessoas: sua versão passada e sua versão futura. Se você deixar essas duas pessoas orgulhosas, terá vivido uma boa vida.

O PESO DA INTENÇÃO

Todos já tivemos experiência com aquela pessoa muito carente que busca nossa validação toda hora. Podemos sentir o desespero nelas, o que acaba justamente gerando um sentimento de repulsa.

Isso acontece porque essa carência demonstra que a pessoa irá drenar nossos recursos. O subconsciente percebe a linguagem corporal e, com base nisso, determina como devemos nos sentir sobre os outros. Se você está constantemente inseguro e procura maneiras de compensar esse sentimento, inconscientemente as pessoas vão detectar e agir de acordo. Tentar provar algo para impressionar e ganhar respeito, curiosamente, faz com que as pessoas respeitem ainda menos.

Por isso, não faça coisas boas para que os outros digam que você é alguém legal; a intenção importa. Pessoas legais concordam com tudo, aceitam qualquer coisa e estão sempre esperando algo em troca. Elas nunca são valorizadas por suas opiniões.

Você nunca vai fazer diferença no mundo enquanto tenta agradar todo mundo. A bondade só é apreciada quando as pessoas sabem que você poderia ser hostil. Isso não significa que você precisa ser agressivo, precisa apenas ser claro e conciso. Quando você se esforça demais para agradar os outros, a mensagem subjacente que passa é de insegurança. Relações autênticas se baseiam em fricções naturais e honestidade, não em tentar agradar constantemente. As pessoas

**Somos nós
os responsáveis por decidir
qual é nosso valor.**

valorizam mais a autenticidade do que a necessidade de ser aceito. Isso significa que você pode ser uma boa pessoa, ter um bom coração e ainda mandar "se foder" quando necessário.

RESPEITO PRÓPRIO

Em nossa sociedade, frequentemente somos ensinados a respeitar a nós mesmos e a exigir respeito dos outros. Mas, será que entendemos verdadeiramente o que isso significa? Termos como "respeito próprio" e "limites" são frequentemente mencionados, mas muitas vezes de forma vaga, o que leva a diferentes interpretações e, consequentemente, a conflitos.

Respeito próprio não se trata apenas de saber o que queremos, mas de comunicar de forma clara nossas expectativas aos outros. A pessoa que respeita e confia em si mesma não sente necessidade de parecer alguma coisa, porque já está satisfeita com o que é.

Leva tempo para entender que somos nós os responsáveis por decidir qual é nosso valor – não os outros. Somos nós quem ensinamos como as pessoas devem nos tratar. Se você permite que alguém ultrapasse seus limites e não reage, a tendência é que essa violação se repita e, eventualmente, se amplifique. Portanto, estabelecer e defender esses limites é fundamental para preservar sua dignidade e manter relacionamentos saudáveis.

Respeite seu tempo, seu corpo, seus erros e seus valores. As pessoas nos respeitam na mesma medida que nos respeitamos. Tudo bem se não gostarem de você, nem todo mundo tem bom gosto.

Depois de aceitar a si mesmo, incluindo todas as suas falhas, metade do trabalho está feito. Se você não se aceita, sempre precisará de validação externa.

Buscar validação externa é um comportamento comum, mas perigoso. Quando dependemos da aprovação dos outros para nos sentirmos bem, abrimos mão do controle sobre nossa própria vida. Seja em um relacionamento amoroso, familiar ou profissional, é vital entender que sua autoestima não deve estar condicionada à opinião de alguém.

Aceite que você é demais para algumas pessoas. Seja o Sol. Seja a Lua. Sua luz sempre vai irritar quem vive na escuridão. Elas vão demonstrar em ações exatamente aquilo que sentem sobre você. Não se faça de cego. Afaste-se, não para dar uma lição, mas porque aprendeu a sua. Fuja do drama em vez de ser arrastado para ele. Isso é força de verdade.

Essa aceitação é fundamental. Não é questão de frieza, mas de autopreservação. Afinal, não importa como, onde ou por quê. Todos, de uma maneira ou de outra, vão nos decepcionar. Incluindo nós mesmos. No entanto, as pessoas que realmente te amam se importam em como fazem você se sentir.

Em última análise, o respeito próprio e respeito ao próximo são dois lados de uma mesma moeda. Para viver bem e em paz, é preciso encontrar o equilíbrio entre afirmar suas necessidades e considerar as dos outros.

APRENDENDO ESTABELECER LIMITES

Entenda que estabelecer limites não fazem de você um cuzão. Eles são uma parte importante do autocuidado e da plena apropriação da sua vida. Se você tem dificuldade em estabelecer limites, comece aqui: pense em um limite que você precisa estabelecer. Talvez seja algo simples, como fazer com que seu colega de trabalho pare de pegar suas coisas sem pedir.

Agora que você tem um limite em mente, deixe-me explicar por que isso vai parecer difícil, a princípio. Você nunca foi ensinado. Uma criança ouve em média alguma forma de "não" quase quatrocentas vezes por dia. Seus pais foram a geração do "faça o que eu digo, não o que eu faço", criada pela geração dos "filhos não foram feitos para serem ouvidos". Ninguém ensinou ninguém sobre estabelecer limites até agora. Você é aquele que quebra esse ciclo e toma seu poder pessoal. Digo isso porque é apenas um padrão que foi transmitido por gerações, e qualquer padrão pode ser quebrado.

Então, voltando a falar sobre limites. Seus limites são sua responsabilidade. Seu trabalho é conhecê-los e comunicá-los. Quer saber o que não é seu trabalho? Lidar com a reação de alguém ao seu limite. Você não precisa se explicar. Você não precisa se desculpar. Não é seu trabalho acomodar outras pessoas às suas custas. Depois de praticar, isso fica cada vez mais fácil. Tenha educação, mas não bajule ninguém. Você se desrespeita ao colocar os sentimentos dos outros acima dos seus. Tudo que você perde ao impor seus limites não era para você.

A ARTE DE ESTAR SOLTEIRO

Por muito tempo eu pensei que amor era sobre encontrar a pessoa certa, até perceber que é sobre se tornar a pessoa certa. Quando não lidamos com nossas próprias questões internas, nossos relacionamentos acabam fazendo isso por nós. Portanto, não apresse o amor. A dor de estar em um relacionamento com a pessoa errada é pior do que o medo de não estar em um relacionamento.

Ser solteiro não é um estado temporário de espera. Não é um vazio aguardando para ser preenchido. Também não é um grito de piedade. É uma fase incrivelmente poderosa para o crescimento pessoal. É a sua chance de evoluir emocionalmente, mentalmente e espiritualmente.

A maioria das pessoas não está qualificada para o tipo de relacionamento que desejam. Se você espera ter padrões elevados, é bom que você seja o padrão elevado. Nunca aceite menos só porque você não tem paciência de esperar pelo melhor. Ao curar traumas do passado e se tornar a melhor versão de si mesmo,

**Tenha educação,
mas não bajule ninguém.**

você descobrirá que está mais preparado para engajar relacionamentos saudáveis.

Ser solteiro é muito mais do que apenas esperar que a pessoa certa apareça. Trata-se de aproveitar a oportunidade de se tornar a pessoa que você deseja ser, independentemente de qualquer outra pessoa. Ame quando estiver pronto, não quando estiver carente. À medida que amadurecemos, percebemos que não precisamos de companhia desnecessária.

Quanto mais você investir em si mesmo durante esse período sozinho, maior a probabilidade de atrair um parceiro que compartilhe seus valores e que também tenha realizado um crescimento pessoal semelhante.

Se você é forte o suficiente para escolher a si mesmo acima de tudo, já tem o meu respeito. Aproveite ao máximo este tempo porque o relacionamento mais significativo que você terá na vida é com você mesmo.

CONHECENDO ALGUÉM NOVO

Flertar é um jogo arriscado. Um deslize e você sai comprometido. Nem sempre é sobre sexo. É intimidade o que queremos. Ser tocados. Admirados. Dar risada. Sentir segurança. Alguém que nos escolha. É isso que desejamos.

Se você acha que magicamente alguém vai aparecer na sua vida, é bom você fazer sua vida melhor para garantir que essa pessoa vai ficar. Não deixe que as mídias confundam você. As pessoas ainda se impressionam com valores, bondade e maturidade.

Essa geração acha que é legal não se importar. Não é. Se esforçar é legal. Se importar é legal. Lealdade é legal. Experimente. Estar atraído pela forma de pensar de uma pessoa é outro nível.

A química atrai. Mas só a maturidade faz funcionar. E é aí que muitos de nós erramos. Ao procurar um relacionamento, tendemos a priorizar as coisas erradas. A sociedade nos diz para procurar sucesso e riqueza, as mídias sociais nos dizem para priorizar a aparência e o status social, a cultura nos diz para continuarmos com as pessoas que nos rejeitam por amor e aprovação.

Isso não resultará em um relacionamento bem-sucedido, amoroso e recíproco. Isso resultará em um ciclo interminável de ansiedade e decepção. Você sentirá altos e baixos. Mas no final, você estará exatamente no mesmo lugar onde começou — constantemente procurando por algo mais.

Você precisa olhar mais longe, precisa cavar mais fundo. Relacionamentos bem-sucedidos são construídos em muito mais do que apenas química. Eles exigem respeito, comunicação, compaixão, honestidade, independência, inteligência emocional e uma vontade de aprender e crescer juntos. Escolher um parceiro é mais do que romance – é escolher um conselheiro, um terapeuta, um melhor amigo e um professor. Escolha com sabedoria.

Então, da próxima vez que você estiver conhecendo alguém novo, dê um passo para trás e observe as atitudes dessa pessoa. Quais são os valores dela? Suas atitudes condizem com o que ela fala? Como ela reage a situações estressantes? Quais são suas prioridades na vida?

Essas são as perguntas importantes que nos levam às pessoas certas e aos relacionamentos certos.

VIDA A DOIS

Relacionamentos são simples, mas não são fáceis. Uma das ideias mais erradas sobre relacionamentos, é pensar que encontrar a "pessoa certa" resolverá todos os problemas sem esforço. A realidade é que, mesmo com a sua alma gêmea, será necessário esforço e dedicação contínuos.

Seu trabalho dos sonhos, seu relacionamento amoroso e seu propósito são coisas que você constrói, não coisas com as quais você tropeça um dia. Por isso, aproveite a fase da paixão enquanto ela é mais intensa e comece a trabalhar. Por trabalho, eu quero dizer simplesmente algo que você se esforça para tornar ótimo.

Você não precisa de um relacionamento para se sentir completo, mas também não precisa se sentir completo para ter um relacionamento. É importante compreender que somos todos imperfeitos. E como pode ser poderoso quando duas pessoas imperfeitas se unem por um objetivo maior. Não deixe que a perfeição atrapalhe a construção de algo inegavelmente grandioso.

Ninguém é fácil de se conviver. Todos temos nossas questões. Por isso, se você está com uma pessoa que deixa o ego de lado, comunica seus limites e busca resolver as coisas, valorize-a. Isso significa que ela deseja manter você na vida dela, e não te afastar. Hoje em dia é raro encontrar quem esteja disposto a superar desafios juntos.

A pesquisadora Helen Fisher, renomada antropóloga biológica, dedicou sua carreira a explorar esses mistérios do coração e destaca em seu livro "*Anatomia do amor*", a importância de sustentar o desejo sexual, o amor romântico e os laços afetivos, por meio de atividades como sexo regular, contato físico constante e manter o senso de novidade ao buscar experimentar coisas novas juntos, mesmo fora da cama.

Suas pesquisas mostram que relacionamentos felizes de longo prazo possuem pontos em comum, como se colocar no lugar do outro, ter controle emocional e a habilidade de focar nas qualidades positivas do parceiro. Com essas práticas, o cérebro nos ajuda a sustentar um sentimento profundo duradouro, evidenciando que fomos feitos para amar.

> "O PROBLEMA DO CASAMENTO É QUE SE ACABA TODAS AS NOITES DEPOIS DE SE FAZER O AMOR, E É PRECISO TORNAR A RECONSTRUÍ-LO TODAS AS MANHÃS ANTES DO CAFÉ."
>
> GABRIEL GARCÍA MÁRQUEZ,
>
> *O AMOR NOS TEMPOS DE CÓLERA.*

Um relacionamento saudável é uma habilidade que requer disciplina e prática. Você não vai se sentir apaixonado todo dia, nem vai se sentir desejado sempre. Isso não significa que vocês não amam um ao outro. Amor vai além do sentimento, é um comprometimento em estar junto, não importa como.

Dar espaço não significa ignorar o que está acontecendo. É saber entender o que está acontecendo, sem fazer o outro se sentir mal por escolher o próprio canto. Todo mundo tem sua forma de amar e ser amado. Quanto mais você força uma pessoa a ser de uma forma, mais ela se sentirá insegura quanto à relação. Tudo bem se o seu parceiro não dividir tudo com você. O que é importante para você talvez não seja para ele. Mas a intenção deve sempre ser não existir segredos.

Durante momentos de conflito, é normal externalizarmos nossas próprias frustrações nas pessoas que amamos e acabarmos falando coisas que não deveríamos. O importante é saber pedir desculpas e conversar sobre o ocorrido. Não espere vomitar tudo e que o outro entenda.

Quando se sentir machucado, não machuque de volta. O objetivo de uma discussão é encontrar a verdade, não provar que o outro está errado. Sim, a comunicação é importante. Comunique, antes que seja tarde. O final diz tudo que você não disse no começo.

Apenas certifique-se de ser entendido. Ninguém pensa igual você. O que faz sentido na sua cabeça não faz sentido para outra pessoa. Comunique e esclareça. Você pode falar o que for, sem entendimento a mensagem nunca vai chegar como deveria.

Sempre que eu saio, eu aviso aonde estou indo e quando eu volto. É capaz que eu até mande uma mensagem enquanto estiver fora. Não porque me pediram. Só porque eu acho que um bom relacionamento se baseia em comunicação. Não é tanto sobre o lugar ou horário em si, mas sobre priorizar a paz de espírito do outro. Reafirmar significa muito para quem pensa demais. Isso é confiança, carinho, respeito e amor. É o que diferencia adultos de crianças. A vida é melhor quando você está com pessoas que deixam seu coração em paz.

Sabe por que eu não me preocupo em ser deixado? Porque a porta está sempre aberta, nada que alguém faça ou fale define quem eu sou. Se a minha paz estivesse em coisas superficiais, como dinheiro, aparência, sexo ou porque eu tenho a senha e a localização exata de alguém, tudo seria insegurança. O que acaba estragando um relacionamento. Nenhuma gaiola impede o desejo de voar.

A FALÁCIA DOS CUSTOS IRRECUPERÁVEIS

Antes de aprofundar nesse tópico, dê uma boa olhada no seu relacionamento atual e certifique-se de que estar nele faz você uma pessoa melhor.

A falácia dos custos irrecuperáveis é outro truque do cérebro no qual eu percebi que já caí muito na minha vida. Ela se baseia no equívoco de que nós tomamos decisões racionais com base no valor futuro dos investimentos que fazemos. Quando a verdade é que nossas decisões são contaminadas pelos investimentos emocionais que acumulamos.

O que isso significa é que frequentemente tomamos decisões irracionais baseadas nos fatores errados, um dos mais prevalentes é quanto mais dinheiro, tempo ou esforço forem dados a um projeto ou pessoa, mais difícil fica de abandoná-lo.

> "A FALÁCIA DOS CUSTOS IRRECUPERÁVEIS NOS FAZ CONTINUAR INVESTINDO EM DECISÕES ERRADAS PORQUE JÁ INVESTIMOS MUITO NELAS, MESMO QUANDO ABANDONAR SERIA A ESCOLHA MAIS RACIONAL.",
>
> DANIEL KAHNEMAN,
>
> *RÁPIDO E DEVAGAR: DUAS FORMAS DE PENSAR*

Por isso, durante este livro, gostaria que você se desafiasse em determinadas áreas da sua vida, do seu treino, da sua dieta e até do seu relacionamento. Você já considerou que a qualidade do seu relacionamento influencia diretamente o que faz ou não faz todos os dias?

Geralmente, a resposta imediata será defensiva: "Sim, estamos ótimos." Mas desafio você e pergunto: "Se o seu relacionamento fosse como é agora, você teria ficado com essa pessoa?"

Agora, não estou apenas sendo intrometido. Estou aqui para aprofundar um pouco mais e descobrir o que está acontecendo inconscientemente, o motivo de você ter adquirido este livro, em primeiro lugar.

Assim como um fiscal pode auditá-lo quanto a discrepâncias financeiras, você pode me ver como alguém buscando os possíveis problemas subjacentes que podem estar atrapalhando seu progresso.

As pessoas são vítimas da falácia dos custos irrecuperáveis em suas próprias casas, e o pior é que elas nem sequer sabem disso. Muitas acreditam que estão em um relacionamento bem-sucedido só porque compartilham a prestação de um imóvel em conjunto. Vivem sob o mesmo teto em uma existência de brigas e discussões, sem sexo, o que os torna mais colegas de quarto do que almas gêmeas. «Mas nós estamos juntos há quatro anos e meio.» Então eu digo a dura verdade e realidade da situação, que você já sucumbiu à falácia dos custos irrecuperáveis.

Trata-se de você, não daqueles ao seu redor, ainda não – podemos ajudá-los mais tarde, mas trabalhe primeiro em si. Não sou um guru de relacionamento, mas como já foi mencionado, até mesmo quando um avião está caindo devemos cuidar de nós mesmos primeiro. A principal coisa aqui é que ambas as partes em um relacionamento precisam ser igualmente egoístas em manter sua própria felicidade, saúde e padrões – e depois trazer aquelas duas entidades positivas para compartilhar uma vida feliz juntos.

Não se acomode. Só porque você já está em um relacionamento não significa que pode parar de treinar, de aprender, de priorizar seus propósitos, se acomodar. Se você sacrifica sua saúde e seus objetivos por outra pessoa, ambos perdem. Se você faz de você uma prioridade, a pessoa certa aparece na jornada.

Os seres humanos odeiam mudanças por natureza, mas às vezes elas precisam ser feitas. Isso é conhecido como a teoria do *status quo bias* na psicologia comportamental, em que as pessoas tendem a preferir que as coisas permaneçam como estão, evitando mudanças devido ao medo do desconhecido e à incerteza do que pode acontecer.

É foda dizer isso, mas é verdade; relacionamentos sem sexo não são saudáveis. Isso porque muitas vezes uma das partes pensa que não é atraente ou boa o suficiente.

Eu vejo pessoas voltando para casa de empregos que não gostam, em relacionamentos em que não estão apaixonadas, mas não são pragmáticas o suficiente para acabar com isso, para suportar a mágoa e mudar. Muitas vezes a coragem necessária para deixar o que não é para você é a mesma que vai ajudar você a encontrar seu caminho para o que é.

FOGO AMIGO

Outro elemento tácito de desequilíbrio em um relacionamento está na "sabotagem do cônjuge". Por exemplo, ao iniciarmos uma dieta ou anunciarmos uma mudança nos hábitos, você ouvirá algo como: "Claro, meu bem. Isso é ótimo." Mas logo esse discurso começa a voltar à linha de base compartilhada. "Você já está bem assim, tome esse sorvete comigo, só um." Entre muitos outros convites que irão sabotar seus esforços.

**Saber quando ir embora
é uma habilidade importante.**

É muito raro encontrar um casal que não compartilhe hábitos diários semelhantes, a maioria dos casais que atinge a obesidade costuma fazer isso juntos. "Vamos pedir alguma coisa para comer hoje à noite?" facilmente se torna uma justificativa conjunta. Hábitos alimentares semelhantes e um estilo de vida sedentário podem levar a um ganho de peso muito rápido, que se torna um assunto tabu entre o casal em questão.

Sem o completo apoio do parceiro, você voltará aos velhos hábitos e possivelmente isso será um dos maiores obstáculos à sua capacidade de fazer mudanças sustentáveis.

QUANDO É HORA DE TERMINAR?

Saber quando ir embora é uma habilidade importante. Seja de empregos, festas ou relacionamentos. No entanto, tomar essa decisão de encerramento pode ser um dos dilemas mais dolorosos e complicados.

Se você já passou por esses momentos turbulentos, sabe como é difícil responder à pergunta: devo insistir ou é hora de seguir em frente? Essa incerteza nos faz questionar se devemos continuar tentando, fazer mais sacrifícios, ou se é melhor cortar os laços e partir em busca de algo novo. Mas como saber a resposta certa?

Para isso, existem reflexões que nos ajudam a determinar se ainda há esperança para o casal ou se é hora de seguir caminhos diferentes.

O primeiro ponto crucial que deve ser considerado é: ambos os parceiros estão igualmente empenhados em resolver o problema juntos? Se a resposta for "não", é provável que não haja muito a ser feito. Em qualquer relacionamento saudável, é essencial que ambas as partes estejam comprometidas em melhorar. Quando um dos parceiros se recusa a assumir a responsabilidade pelos próprios comportamentos, o relacionamento está destinado a estagnar ou piorar.

Lutar por um relacionamento vale a pena, mas não quando você é a única parte lutando por ele. Uma das armadilhas mais comuns em relacionamentos complicados é continuar com a pessoa na esperança de que ela mude. Muitas vezes, as pessoas se apegam a desculpas para não terminar, como " não era assim antes" ou "talvez as coisas melhorem". Essa abordagem frequentemente resulta em frustração, porque na maioria das vezes, as pessoas não mudam da maneira que gostaríamos. A realidade é que, se alguém não quer mudar, não há como forçá-lo a isso. Nem podemos esperar isso acontecer.

É importante amar a pessoa que está à sua frente, não a ideia do que ela foi ou do que poderia se tornar. Relacionamentos baseados em expectativas irrealistas estão destinados ao fracasso. É por isso que devemos sempre avaliar a situação presente e nos perguntar: estou feliz agora? Se a resposta não for "com certeza", então é um "não", não faz sentido permanecer esperando por uma mudança incerta.

Portanto, ao considerar se deve ou não terminar um relacionamento, lembre-se de que a chave está em reconhecer a realidade e agir de acordo com o que é melhor para você e sua felicidade a longo prazo. Não há como controlar o que outra pessoa faz ou sente, mas você pode controlar suas próprias decisões e buscar o bem-estar que merece.

É ASSIM QUE TERMINA

A maioria das nossas conexões acaba. As circunstâncias mudam, as pessoas crescem e os valores aumentam. Na verdade, a maioria dos seus contatos vai acabar, é assim que você descobre que amadureceu.

Muitos relacionamentos nem terminam diretamente. Em vez disso, alguma das partes começam a tratar a outra mal até serem abandonados. Depois, fazem parecer que o outro é uma má pessoa para não se sentirem culpadas pela maneira que agiram.

Você não precisa esperar que alguém diga que você é suficiente. Você não precisa ficar revivendo tudo que deu errado. Nem precisa acordar toda manhã com a ingênua esperança de que aquele nome finalmente vai aparecer no seu telefone. Pare de dar o controle da sua vida aos outros. Se não responderam sua mensagem, vá dormir. Se não ligaram de volta, deixe o celular de lado e tenha um ótimo dia. Se estão tratando você com distância e se recusam a dizer o que se passa, saia e vá viver sua vida.

Não gaste seu tempo com pessoas que esperam prioridade, mas que não pensam duas vezes em te deixar por último. A vida é curta para perder tempo com quem não aprecia e não respeita você. Não tente adivinhar porque não responderam. Porque não te amam. Porque está sozinho a tanto tempo. Você vai se esgotar tentando achar respostas que provavelmente nunca terá.

Aprenda a deixar as pessoas na realidade que elas escolheram e seguir com a sua vida. Algumas pessoas nunca curam. Elas apenas pulam de um relacionamento para o próximo na esperança de ver mudança nos outros em vez de mudar elas mesmas. Isso significa aceitar que cada pessoa é responsável por suas próprias escolhas e não se sentir culpado por se distanciar.

Diferencie quem realmente reconhece seu valor de quem apenas se aproveita da sua energia, da sua generosidade e do seu amor. É uma habilidade necessária. Quem valoriza de verdade demonstra apoio de maneira constante, não apenas quando é conveniente.

Quando jovem, tendemos a superestimar a importância das relações. Com o tempo, percebemos que a maioria dos relacionamentos tem um propósito específico e passageiro, e que manter contatos que já não fazem sentido só traz sofrimento. Sim, você terá algumas conexões duradouras que serão muito significativas. No entanto, esses relacionamentos serão poucos e raros, e nem sempre será possível escolhê-los. A melhor estratégia é simplesmente não forçar nada.

PERDÃO E VINGANÇA

Quando alguém nos machuca ou nos prejudica de alguma forma, é natural que surjam sentimentos de hostilidade e ressentimento. Mas como decidir quando devemos responsabilizar o outro e quando é hora de perdoar e seguir em frente? Bem, essa é uma decisão pessoal.

Perdoar pessoas que nunca pediram desculpas e nunca fizeram nenhum esforço para reparar a situação, é uma forma de autocuidado.

Essa é uma equação desafiadora para a mente, porque crescemos com a ideia do "olho por olho". Mas a verdadeira força está em soltar as algemas que colocamos em nós mesmos. O rancor é como beber veneno e esperar que a outra pessoa morra.

A lógica é estranha aqui: sofremos para provar para pessoas que não se importam o quanto sofrimento elas causaram e escolhemos continuar sofrendo para provar que estamos certos. É um ciclo interminável sem vencedores.

Perdoe. Não por eles, mas por você. Não somos o figurante na vida de outra pessoa. Não temos escolha em sermos feridos, mas temos escolha sobre o que vamos fazer a respeito.

Quando você quiser retribuir o desrespeito de alguém, observe como a vida trata essa pessoa. Isso já é punição suficiente. A vingança

Rresponda com silêncio.
Você estará no controle.

pode até prover uma satisfação imediata, mas não vai curar a dor e trazer paz no longo prazo.

Algumas pessoas vão drenar tudo que você tem e ainda questionar sua sanidade quando você finalmente reagir. Apenas se distancie. Às vezes você precisa mostrar para uma pessoa quão importante ela não é. Responda com silêncio. Você estará no controle.

Em um mundo em que a dor perpetua a dor, você quebra o ciclo ao escolher não fazer o que fizeram com você. Não é sobre absolver as pessoas da responsabilidade. É sobre ter controle sobre a sua vida e sobre a maneira que você reage.

A melhor vingança é não se vingar. Siga em frente e faça você mesmo feliz. Você gosta de estar bem. Qualquer resposta sua será tão desgastante quanto a ação original. Não fazer o que fizeram com você é o que faz com que suas bênçãos continuem vindo.

Portanto, tenha orgulho de manter um bom coração em um mundo carente de amor. Todos que foram bons comigo me fizeram ser bom em troca. Sua integridade, sua honestidade, seu desejo de se conectar vão afastar muita gente. Mas nunca a sua gente. Eu nunca perdi ninguém que eu precisasse. Os reais ainda estão comigo.

PRIORIDADE & NÍVEL DE ESFORÇO

Sinais confusos não são um incentivo para tentar ainda mais. Você não vai fazer alguém te amar fazendo mais daquilo que elas já não apreciam. Se você quiser saber o que realmente importa para alguém, preste atenção em suas prioridades e nível de esforço.

Uma pessoa que acorda de madrugada para treinar e depois sai correndo para trabalhar deixa claro que isso é importante para ela. Por outro lado, se alguém diz que quer emagrecer e ficar em forma, mas compra doces para ter em casa e sempre arranja uma desculpa para não se exercitar, suas ações revelam sua verdadeira prioridade.

Da mesma maneira, se alguém não retorna suas mensagens, nunca tem tempo para um encontro ou te ignora, o quanto você acha que é importante na vida dela? Todo mundo anda com o celular na mão. Ninguém está ocupado 24 horas por dia; apenas não é uma prioridade.

Uma forma de enriquecimento é simplificar a vida, e uma maneira muito simples de eliminar a confusão sobre o que é importante para alguém, é observar suas ações.

Não é tolerável ser maltratado por medo de perder pessoas. Perdão e paciência é uma coisa. Limite e perder tempo é outra. Se a vida não der um jeito na situação, ela está usando a situação para dar um jeito em você. Muitos dos nossos problemas vêm de não colocarmos as pessoas em seus devidos lugares a primeira vez que elas tentam. Não permita que se mostrem uma segunda vez. É um desrespeito a si mesmo reconsiderar uma relação que não te valoriza.

Não procure amor nos mesmos lugares que você perdeu. Essa base é fundamental para não cairmos na fantasia do romântico dramático que continua guardando mensagens, fuçando a vida e esperando pelo menor sinal para poder começar a imaginar coisas e situações que não são reais. Busque não agir de modo tão carente. Quando uma pessoa não está interessada, qualquer tentativa sua vai fazer você parecer ainda pior aos olhos dela.

Aceite que as coisas nunca vão ser como eram. Ninguém entra no mesmo rio duas vezes. Nem você e nem o rio serão mais os mesmos. Quando tiver oportunidade de novos começos, não cometa os velhos erros. Términos são recomeços. Rejeições são redirecionamentos.

Não carregue velhos sentimentos para novas experiências. Ontem foi o último dia que você passou se importando com pessoas que não demonstram se importar. É melhor se ajustar à falta do que ser continuamente frustrado pela presença. Você pode não ter o controle que gostaria, mas tem mais controle do que imagina.

LIBERTAÇÃO

"Nunca vou encontrar um amor assim de novo" é o que pensamos quando estamos de coração partido. O desejo dá origem ao apego. Essa forma densa de sentimento não apenas causa conflito mental, tensão e insatisfação, mas também impede nossa capacidade de enxergar claramente o que está acontecendo dentro de nós e ao nosso redor.

Os apegos são uma tentativa de controle marcada por uma profunda tensão interna que obscurece o amor verdadeiro e criam muito atrito nos relacionamentos porque atrapalham a liberdade individual. Mas se tivermos coragem para enfrentar nossas próprias verdades e os altos e baixos da vida, teremos a força emocional para lidar com os momentos desafiadores em um relacionamento, sem fugir imediatamente.

Você não vai esquecer ou deixar de amar do dia para a noite. Você vai deixar de amar pouco a pouco. Será lento, doloroso, mas sem arrependimentos. Você vai sentir falta. Você vai pensar em procurar. Mas seu respeito próprio precisa ser mais forte do que seus sentimentos.

O processo de cura é estranho. Vem em ondas. Alguns dias você está bem e em outros dói como se fosse ontem. Leva tempo para perceber que nem tudo na vida é para ser um conto de fadas. Nem toda pessoa por quem sentimos algo profundo é para ser para sempre. Mas você não poderá seguir em frente até que aceite que o que as pessoas fazem é sobre elas, não sobre você. Algumas pessoas não vão se desculpar, porque não conseguem. Nem tudo tem uma explicação.

ϟ

Nem tudo na vida
é para ser um
conto de fadas.

Às vezes, acreditamos que precisamos de um desfecho para conseguirmos seguir em frente, mas a verdade é que algumas pessoas nunca serão capazes de nos proporcionar o encerramento que desejamos. Existem pessoas que não conseguem expressar o que deu errado, e outras que preferem se afastar em vez de resolver as questões. Seja o que for, não se desgaste tentando obter esse encerramento dessas pessoas. Nada do que elas disserem irá realmente fazer você se sentir melhor.

Eu sei que se desconectar enquanto deseja por conexão é uma das coisas mais difíceis de fazer. De fato, ver pessoas que você ama se tornarem estranhos é uma das coisas mais obscuras da vida. Mas toda tensão vem de não deixarmos ir. Geralmente, momentos antes de deixarmos é quando seguramos com mais força.

Se pergunte se esse sentimento é amor ou necessidade de um padrão de afeto e atenção. As vezes nós não queremos nos curar porque a dor é a única coisa que nos mantém presos ao que perdemos. Durante esse processo, é normal ter pensamentos do tipo: "Nunca mais vou ser feliz", "Minha vida perdeu sentido", "Nunca vou superar a dor".

Mas um dia você vai perceber que a felicidade era sobre lidar com você mesmo. Que ela nunca esteve na mão dos outros. É o seu coração que faz as pessoas parecerem tão especiais.

Seu gosto por pessoas muda à medida que você aprende a se amar. É um processo sem tempo definitivo. Você só precisa continuar. Eu sei que o desgosto é devastador. Mas estou aqui para lembrar você de que a história não acabou, apenas o capítulo.

Sim, algumas pessoas se vão. Mas as lições sempre ficam. Todos que passam pela sua vida são parte da sua jornada. Se a vida pode remover o que você nunca sonhou em perder, a vida pode repor com o que você nunca sonhou em ter. Vire a página para que você possa continuar a escrever. Quando tudo tiver sido aprendido, você estará bem.

TODO

MOMENTO

É UMA CHANCE

DE MUDAR

ϟ CAPÍTULO 10

NÃO É O FIM

Acorde! Você está criando problemas na sua cabeça de novo. Você tem tempo. Todo momento é uma chance de mudar. Sua jornada não acabou, só está esperando pelo próximo passo. Alguns dos seus planos vão dar errado para que você tenha algo melhor, algo que nunca imaginou.

Este livro será um desperdício de tempo e dinheiro, a menos que você busque implementar o que aprendeu.

O começo não precisa ser perfeito. O meu certamente não foi. Cada pessoa leva um tempo diferente para desenvolver suas habilidades, mas não há muito que possa ser feito além de repetir e buscar pequenas melhorias contínuas. Todo dia fica um pouco mais fácil. Mas você precisa fazer todo dia, essa é a parte difícil.

Não fuja disso, você pediu por força e as dificuldades vieram para que você ficasse mais forte. Você pediu por sabedoria e os problemas vieram para que você os resolvesse. Você pediu por coragem e os medos vieram para que você os superasse. Você pediu por amor e as pessoas se foram para que você amasse a si mesmo.

Um adulto molda seu caráter ao errar, levar um soco na cara, pisar fora da zona de conforto, perder dinheiro ou alguém. Estar quebrado, desiludido e de coração partido vai ensinar as melhores lições.

> "QUANDO NÃO SOMOS MAIS CAPAZES DE MUDAR UMA SITUAÇÃO, SOMOS DESAFIADOS A MUDAR A NÓS MESMOS",
>
> VIKTOR FRANKL

À UMA DECISÃO DE UMA VIDA DIFERENTE

Uma das dicotomias mais estranhas da vida é que temos controle sobre tudo e nada ao mesmo tempo. Você pode literalmente acordar amanhã e decidir que vai largar a faculdade, seu emprego, se juntar à Legião Estrangeira, e ninguém pode realmente te impedir disso.

Assim como você pode se afastar daquele relacionamento que não agrega mais aos dois. Você pode. Não disse que seria fácil, mas no fundo é apenas uma opção.

Você pode decidir hoje que vai abandonar as conversas internas negativas que mantém consigo todos os dias. Aquelas em que você diz a si mesmo que não é bom o suficiente, atraente o suficiente, inteligente o suficiente ou capaz. Tente. Da próxima vez que você começar com essa conversa negativa, diga literalmente a si mesmo: "Tenho mais o que fazer."

Bem como pode decidir que cansou de se sentir cansado e que vai entrar na melhor forma da sua vida. Não significa que será fácil. Mas sempre existe a escolha de ingerir mais alimentos nutritivos, menos calorias e se exercitar. Ao descobrir e controlar essas variáveis, você pode transformar seus maiores problemas em soluções.

Ao longo desse caminho, é importante lembrar-se que recaídas em velhos padrões são naturais. Portanto, não se puna quando isso acontecer. O simples fato de estar consciente de estar repetindo o passado é um sinal de progresso. Confie no processo, mesmo que tenha que recomeçar.

Guie os outros por meio de seus erros. Veja o passado como um livro de onde você pode tirar as melhores lições. Quando você pensou que não conseguiria, você se provou errado. Mesmo com tudo que o mundo jogou em você.

ϟ

**Momentos difíceis
não duram para sempre.**

Então, não tema. Esse não é o seu fim. É o seu nascimento. Para uma estrela nascer, uma nebulosa precisa colapsar. Então, colapse. Momentos difíceis não duram para sempre. Lembre-se quantas vezes o medo já mentiu para você.

Seus demônios não atacariam com tanta força se não houvesse nada de valioso dentro de você. Ladrões não entram em casas vazias. Tenha coragem de enfrentá-los. Você precisa caminhar através da vergonha, da rejeição e da insegurança se quiser construir quem deseja ser.

Todo momento é uma batalha: entre o novo e o velho, entre o medo e a confiança, entre a liberdade e a segurança, entre o prazer e a dor, entre o ódio e o amor. Perceba ou não, é você quem decide o resultado.

Tudo muda quando você percebe que a sua vida está nas suas mãos. Você tem controle sobre as suas atitudes, sobre o esforço que você dedica, sobre a forma que usa seu tempo, sobre o que você quer aprender. Você tem mais poder do que pensa.

Não se esqueça: as pessoas geralmente têm objetivos semelhantes – mas nem todas seguem um plano para alcançá-los. É isso que distingue quem atinge seus objetivos daquelas que não alcançam. Existem hábitos que te levam ao seu objetivo final, e aqueles que não. Para onde você está indo é sempre muito mais importante do que onde você está atualmente.

Seus relacionamentos ditam sua qualidade de vida. Lembre-se da falácia dos custos irrecuperáveis: a quantidade de tempo que você está com alguém não é um motivo para ficar com ele ainda mais. Se o seu parceiro não oferecer apoio a você e a seus objetivos, ele causará danos, e você não precisa disso. Se você está considerando mudar, precisa fazer. Se não é um "com certeza", então é um "não".

Os seres humanos instintivamente não gostam de mudar ou ficar sozinhos; mas, finalmente, ser egoísta é uma parte importante do crescimento. Você não vai agradar a todos. Portanto, estabeleça seus limites e não tenha medo do que as outras pessoas vão pensar.

Espero ter conectado muitos pontos que antes não estavam claros para você. Espero ter dado uma perspectiva diferente e, ao mesmo tempo, ajudado a auditar como você age, quem está na sua vida, o que você valoriza e o que não valoriza.

Espero ter lhe armado com o conhecimento necessário para que as pessoas não possam enganar ou tirar vantagem de você. Eu preciso que você passe isso adiante também para as pessoas ao seu redor. Não subestime o poder de transmitir o que aprendeu. Agora você tem o poder de mudar outras vidas para melhor. Se todo mundo fizer isso depois de virar a última página deste livro, sinto que podemos mudar o mundo.

Dê um passo, comece e aprenda no caminho. Lembre-se de tudo que você já superou. Faça com que essa seja sua força para os dias que virão. Daqui a seis meses, você pode estar vivendo a vida que quer ou ainda reclamando da vida que tem.

Eu fiz a minha parte. Agora que você sabe mais, precisa fazer mais. Às vezes, você precisa arriscar tudo por um sonho que só você pode ver. Tempo e talento você tem. O que falta é ajustar suas prioridades e ser consistente.

Você pode reler este livro e ler meus *posts* para ajudar a permanecer no caminho certo, mas isso ainda depende de você. Elimine as distrações desnecessárias. Deixe de seguir o que não agrega nada. Não romantize pessoas que te fizeram mal. Lembre-se, tudo que custa sua saúde mental é muito caro. Procure em outro lugar.

Algumas conversas desconfortáveis vão surgir, você vai incomodar algumas pessoas que se ofendem facilmente e pode até perder alguns amigos ao mostrar seu progresso. Mas você tem tudo o que precisa deste livro para seguir sozinho e ter sucesso. Acredite. Você vai fazer dar certo. Como sempre fez.

Hoje sua nova identidade começa. Seja a pessoa que vai atrás dos seus sonhos, em vez de apenas pensar neles, esperando que aconteçam. Você está armado com conhecimento para não ser facilmente desviado ou enganado em sua jornada.

Então, lembre-se: este é um livro de ação. É sobre retomar seu poder, e você deve começar no segundo em que virar esta página final. Eu já estou feliz por você. Gosto de pensar que sou a prova

O trem está prestes a sair,
não deixe de entrar.

viva das coisas extraordinárias que você pode alcançar ao redefinir sua atitude e implementar o que leu nestes capítulos.

Sinto que uma nova era está chegando, em que as pessoas serão admiradas por sua disciplina, sabedoria e coragem. O que você vai realizar nos próximos dias, meses e até nos próximos anos será resultado direto do que você fará assim que acabar. Então, de mim, tudo de melhor e boa sorte. O trem está prestes a sair, por isso não deixe de entrar.

Grande abraço,

Thor ϟ

www.ingramcontent.com/pod-product-compliance
Ingram Content Group UK Ltd.
Pitfield, Milton Keynes, MK11 3LW, UK
UKHW021956190726
13853UKWH00004B/1570